Mundos Alienígenas

Biologia, Sociedade e Espiritualidade Além da Terra

Skye Alden

22 Lions

Mundos Alienígenas: Biologia, Sociedade e Espiritualidade Além da Terra

Escrito por Skye Alden

Índice

Introdução

Imagine ultrapassar os limites do céu e conhecer formas de vida que surpreendem e inspiram. Mundos Alienígenas: Biologia, Sociedade e Espiritualidade Além da Terra o convida a conhecer seres e sociedades de mundos totalmente diferentes do nosso. A vida lá não se resume a sobreviver; ela flui com um ritmo de respeito e equilíbrio que permeia tudo. Você encontrará criaturas moldadas por lugares estranhos e comunidades construídas com base na cooperação e em objetivos comuns.

Nessas histórias, a tecnologia caminha lado a lado com a natureza. O progresso não luta contra o mundo, mas trabalha com ele. Esses mundos mostram a vida sustentando a vida, com cada parte elevando as outras. A cultura, a arte e a música florescem de maneiras que vão além do que esperamos. A espiritualidade flui aqui do amor e da conexão, não do medo ou do controle. Essas histórias alienígenas nos pedem para nos vermos de maneira diferente e repensarmos como vivemos e o que realmente significa estar vivo.

Se você se pergunta o que pode existir lá fora ou deseja uma nova maneira de enxergar a vida, este livro oferece uma explosão suave de maravilhas. Ele o convida a abrir o coração e a mente, a imaginar além do habitual. Mundos Alienígenas não trata apenas da vida além da Terra; ele o convida a ampliar sua visão da própria vida.

Capítulo 1: Introdução à Vida Extraterrestre

Desde o início do pensamento humano, olhamos para o céu noturno e sentimos algo se mexer dentro de nós: uma pergunta mais viva do que mera curiosidade. Existe vida lá fora? Além do nosso pequeno planeta, em algum lugar distante, orbitando um sol que se apaga, será que existem seres como nós? Essa pergunta semeou as mentes e os corações de muitos, cruzando as fronteiras da ciência, do mito e do espírito. Para alguns, não se trata apenas de uma ideia, mas de uma memória ou um sentimento, um sussurro de contato com algo além dos limites da Terra.

A história registra vozes que falaram de tais encontros. Suas palavras podem ter sido ignoradas ou levadas pelo vento do ceticismo, mas elas abrem uma porta — ainda que pequena — para que possamos espiar e ver até onde os ramos da vida podem se estender na vastidão além dos nossos céus.

Veja, por exemplo, Emanuel Swedenborg, no século XVIII. Ele tinha um pé no laboratório e outro no mundo além do visível. Por meio de suas visões, ele descreveu lugares não muito diferentes dos nossos, mas repletos de uma sabedoria e paz compartilhadas que a Terra ainda busca. As sociedades de outro mundo de Swedenborg não apenas sobreviveram, mas também se moviam com um espírito de equilíbrio e clareza, como se ecoassem uma verdade não dita, escondida logo abaixo de nossa consciência.

Avancemos para meados do século XX: George Adamski entra em cena e causa agitação entre aqueles que buscam respostas nos céus. Ele afirmava ter encontrado visitantes de Vênus e de outros planetas, seres que carregavam calor em seus olhares e um conhecimento muito mais profundo do que qualquer tecnologia existente na época — e talvez até hoje. Eles não eram apenas viajantes do espaço, mas mensageiros que misturavam ciência e espiritualidade.

Depois, temos Edgar Cayce, o "Profeta Adormecido", cujas leituras em transe alcançavam a teia cósmica. A mensagem de Cayce não se limitava aos reinos físicos, mas se entrelaçava à dança da própria consciência. Ele falava de seres cuja existência desempenhava um papel no grande desdobramento da consciência por todo o universo — um lembrete de que a história da vida vai muito além da carne e do osso.

Um fio condutor que atravessa essas histórias é claro: a vida além da Terra tem muitas faces. Algumas são energia pura, cintilantes e vivas de maneiras invisíveis. Outras parecem humanóides, não porque nos imitam, mas porque a inteligência muitas vezes encontra formas semelhantes para a comunicação e o crescimento. Muitas possuem qualidades que não temos. Elas sobrevivem onde não podemos imaginar, seja envoltas em nuvens espessas, seja flutuando no vazio do espaço. Essa diversidade nos leva a questionar: o que significa, de fato, "viver"?

A adaptação nesses mundos não se limita à sobrevivência. É crescimento, evolução e florescimento em condições tão estranhas para nós, que nos surpreendem e inspiram. Ela desafia nossas definições limitadas e nos convida a expandir nossas mentes para além do que nos foi ensinado.

As sociedades descritas nessas histórias são, muitas vezes, surpreendentes. Rivalidades e lutas pelo poder parecem ecos distantes, substituídos por sistemas baseados no respeito mútuo e na ajuda. A tecnologia beneficia a todos, aliviando os fardos, em vez de gerar conflitos.

A vida segue um ritmo suave, porém profundo, tecido por valores compartilhados e enraizados no amor e na cooperação. Aqui, comunidade não é apenas uma palavra, mas uma experiência vivida. Olhe mais de perto e você encontrará uma cultura vibrante e conectada. As vidas fluem em harmonia com os ciclos da natureza, a arte floresce como uma linguagem do coração e do espírito e as roupas honram tanto a funcionalidade quanto a beleza, com respeito pelo meio ambiente. A comida nutre não apenas os corpos, mas também as almas; as refeições se tornam rituais, cerimônias que misturam gratidão pela terra com o vínculo entre os seres. Comer é uma troca sagrada, um momento que aproxima a comunidade e o planeta.

O espírito pulsa por meio de todos esses elementos. A crença em uma consciência compartilhada convoca rituais que ampliam a consciência e incentivam a bondade. Sua bússola moral se baseia no amor e na compreensão de que o mal feito a alguém se espalha por todos. Essa perspectiva remodela a forma como vemos a própria existência, como um tecido fortemente entrelaçado no qual cada fio é importante.

Quando vistas como um todo, essas histórias fazem mais do que informar. Elas nos convidam a ampliar nossa visão, abraçar a vasta paleta da vida e permitir que a diversidade do universo desperte novas formas de enxergar o mundo. Elas desafiam o que parece estabelecido sobre a biologia, a sociedade e o espírito, sugerindo possibilidades em vez de regras fixas.

Enquanto enviamos naves e sondas para o espaço, em busca de sinais além do nosso mundo, permitamos que essas vozes ocupem um lugar em nossos corações. As estrelas podem não ser silenciosas ou vazias. Pelo contrário, podem ser locais repletos de outras pessoas — vizinhos que se aproximam por meio das distâncias, oferecendo conexão e crescimento. Nessa extensão ilimitada, podemos nos ver como parte de uma grande história em desenvolvimento, estendendo a mão e tocando a si mesma através da tela do espaço e do tempo.

Há uma grande maravilha aqui. Há um chamado. Há a esperança de que aprendamos a ouvir tanto quanto olhamos, a abrir não apenas os olhos, mas também as almas, e de que descubramos não estranhos, mas parentes — outras faíscas no vasto fogo do ser.

Capítulo 2: Diversidade Biológica e Adaptação

O universo se estende diante de nós, repleto de incontáveis estrelas e planetas. Cada mundo carrega sua própria história, suas próprias condições e, talvez, sua própria vida. Pessoas que viveram encontros estranhos ou tiveram visões de outros mundos compartilham histórias que despertam nossa curiosidade. Elas falam sobre formas de vida muito diferentes das que conhecemos na Terra e que são capazes de viver e crescer em lugares que parecem hostis ou impossíveis. Essas histórias mudam a forma como pensamos sobre a vida, mostrando que ela pode assumir muitas formas e sobreviver onde jamais imaginaríamos.

Um exemplo é Emanuel Swedenborg, um pensador que descreveu suas visões da vida além da Terra. Ele descreveu seres que não pareciam humanos. Alguns pareciam ser feitos de luz ou de energia fluindo livremente. Suas palavras sugerem que a vida não precisa seguir as regras do planeta Terra, como a necessidade de corpos baseados em carbono ou de ar para respirar. A vida pode aparecer em inúmeras formas, qualquer que seja a que se adapte ao mundo que chamam de lar.

George Adamski, amplamente conhecido por alegar ter encontrado visitantes de outros planetas, acrescenta outra camada a esse quadro. Os seres que ele descreveu de Vênus não eram apenas físicos; eles eram refinados, com sentidos mais apurados que os nossos, e se comunicavam sem falar. Seus corpos haviam se tornado fortes e flexíveis para lidar com condições muito diferentes das terrestres: ar, gravidade e até níveis de radiação distintos. Essas características não surgiram aleatoriamente, mas foram moldadas pelos ambientes em que viviam. Mostram que a vida pode se adaptar e se transformar para enfrentar desafios ou oportunidades que nenhum ser vivo aqui conheceu.

Há também Edgar Cayce, cujas leituras frequentemente alcançavam verdades espirituais e físicas. Ele acreditava que a vida em outros lugares não se modifica apenas externamente. O espírito, a consciência e o crescimento da consciência também desempenham um papel importante. Cayce afirmou que o clima e as condições específicas de cada planeta influenciam tanto os corpos quanto as almas de seus habitantes, impulsionando a evolução para novos patamares. Essa visão apresenta um cenário no qual a forma física e o crescimento espiritual caminham juntos, influenciando-se mutuamente.

Ao ouvir esses relatos, uma coisa fica clara: a vida fora da Terra precisa ser adaptável. Alguns seres podem viver onde o ar é denso e pesado, em condições que nos levariam à asfixia ou à morte.

Seus sistemas respiratórios e seus corpos funcionam de maneira diferente, o que lhes permite existir confortavelmente. Outros podem não precisar de ar, flutuando no espaço como formas de energia que temos dificuldade em definir. Essa vida não apenas sobreviveria, mas também floresceria de maneiras que talvez nunca tenhamos imaginado.

Essa adaptabilidade não se limita ao corpo. Mundos diferentes trazem desafios diferentes e as civilizações evoluem para enfrentá-los. Em locais com alta radiação, alguns seres podem usar escudos naturais ou carregar defesas tecidas em suas próprias células. Em mundos onde a comida e a água são escassas, as sociedades aprendem a reciclar e a manter seu ambiente saudável por gerações. Cultura, tecnologia e biologia se entrelaçam, sendo moldadas pelo que o planeta exige.

Todas essas histórias de visionários e contatados revelam um vasto campo de maravilhas. Elas nos levam a repensar ideias antigas sobre como a vida deve ser ou se comportar. Convidam-nos a imaginar possibilidades muito mais amplas, de que a vida, em qualquer canto do cosmos, pode ser tão variada quanto as próprias estrelas. Essa compreensão pode nos oferecer uma base, lembrando-nos de como a vida em nosso próprio planeta conseguiu sobreviver e se transformar ao longo do tempo.

Em suma, as descrições da vida além da Terra oferecem muito mais do que meros contos estranhos. Elas ampliam nossa noção do que a vida pode ser. Mostram como a vida é flexível e resiliente, capaz de se desenvolver de maneiras que desafiam as suposições da ciência. À medida que olhamos mais profundamente para o espaço e refletimos sobre esses relatos, eles nos incentivam a manter a curiosidade e a mente aberta. Há mais na vida do que nossos livros didáticos contêm: um universo vasto e vivo, esperando para ser explorado, compreendido e respeitado em muitos novos níveis.

O universo está repleto de oportunidades para a vida surgir, mudar e se desenvolver de formas que talvez nunca tenhamos imaginado. Ao ouvirmos aqueles que nos dão vislumbres desses outros mundos, lembramo-nos da força e da beleza da própria vida. É uma força que ultrapassa fronteiras e a própria ciência e história, sempre se transformando em algo novo. Essa é uma verdade poderosa para guardarmos enquanto mantemos os olhos voltados para o céu, prontos para o que vier.

Capítulo 3: Estruturas Sociais em Outros Mundos

Quando as pessoas falam sobre outros mundos e sobre as formas como os seres vivem lá, algo curioso acontece. As imagens que elas pintam parecem, ao mesmo tempo, estranhas e familiares. Aqueles que afirmam ter encontrado ou aprendido sobre criaturas de fora da Terra frequentemente descrevem estruturas sociais diferentes das que estamos acostumados. Esses relatos nos permitem vislumbrar vidas moldadas por planetas, valores e caminhos de crescimento distintos dos nossos, sejam eles relacionados a ferramentas e máquinas, ao espírito ou à cultura. Considerar essas histórias faz mais do que entreter nossa imaginação. Elas nos levam a refletir sobre nós mesmos, sobre as formas como organizamos nossas sociedades e sobre o que realmente importa.

O que se destaca em primeiro lugar é o seguinte: esses grupos extraterrestres parecem construir suas vidas em torno do trabalho conjunto, e não uns contra os outros. Em muitos mundos, o impulso de controlar ou dominar fica em segundo plano. Ouvimos falar de comunidades em que a justiça e o cuidado mútuo estão à flor da pele. As pessoas não agem apenas por competição ou interesse próprio. Elas parecem conectadas por um tipo de compreensão mais profunda, um sentimento de união que desvia a atenção do indivíduo para o grupo como um todo. Seu modo de pensar e de ser brota de um nível de consciência muito mais profundo do que a simples sobrevivência ou a luta por posição.

Muitos relatos nos dizem que essas civilizações avançaram além do que chamamos de tecnologia, não apenas no sentido de novos aparelhos ou máquinas, mas em sua essência. O verdadeiro avanço está em como elas vivem juntas. A educação, por exemplo, é algo que eles tratam com muito cuidado. As crianças não apenas enchem suas mentes de fatos. Elas também nutrem seus espíritos. Essa forma de aprender ajuda as pessoas a descobrirem o que as torna especiais. Ela incentiva todos a compartilharem seus dons únicos com a comunidade. O objetivo não é separar as pessoas, mas uni-las, formando um todo forte e vivo no qual o indivíduo e o grupo crescem juntos.

Outra ideia frequentemente mencionada é que os habitantes desses lugares não se prendem às antigas ideias humanas sobre gênero e papéis familiares. As caixas rígidas que conhecemos não se aplicam lá. A conexão flui do respeito e do espírito, não da biologia ou de regras sociais estabelecidas. Essa liberdade constrói uma cultura em que a autoexpressão pode assumir muitas formas. As formas como eles se relacionam vão além de nossas expectativas, revelando uma mentalidade que valoriza tanto o que existe entre as pessoas quanto o que está dentro delas. Papéis fixos e categorias antigas perdem seu poder nessas histórias.

O respeito pelo planeta natal é um tema vital em muitos desses contos. As sociedades descritas vivem em harmonia com o mundo, sem lutar contra a natureza. Seu contato com a terra é leve. Preocupam-se profundamente em manter o meio ambiente íntegro e equilibrado. As comunidades são organizadas com essa reverência em mente, honrando o planeta e todas as suas criaturas. A tecnologia serve à natureza, não se separando dela. Eles usam apenas o que precisam, sem deixar resíduos. Esse respeito mostra uma união profunda, na qual a vida social e o mundo são partes de um grande fluxo vivo.

A adaptabilidade também transparece nas descrições. Os mundos habitados por esses seres podem ser hostis, com climas estranhos e elementos que desafiam a vida como a conhecemos. Portanto, seus sistemas sociais se adaptam e se flexionam para se adequar a essas condições. As pessoas não se limitam a resistir: elas florescem em meio às mudanças. Suas estruturas respiram vida, mudando quando necessário e acolhendo o fluxo do inesperado como parte da existência.

Essas histórias, contadas por aqueles que afirmam ter testemunhado tais civilizações, ampliam o que acreditamos ser possível. Elas transcendem nossas ideias habituais sobre poder, controle e ordem. Mostram, em vez disso, vidas construídas com base na cooperação, no respeito e em um vínculo estreito com a natureza. Quando olhamos para as estrelas e nos perguntamos sobre a vida além da Terra, esses relatos nos trazem esperança e nos mostram algo novo. Mostram que a vida pode seguir muitos caminhos, mudando e crescendo de maneiras que mal podemos imaginar.

Olhar para os modos sociais de seres de outros mundos é mais do que uma simples curiosidade. Isso nos leva a refletir sobre como vivemos aqui e que lições podemos aprender. Imagine como nossas comunidades poderiam ser diferentes se abraçássemos, em uma escala maior, ideias de cuidado mútuo e equilíbrio. O que aconteceria se nos abríssemos para um senso mais amplo de conexão e apoio?

No fim das contas, as histórias de sociedades além da Terra não são apenas fantasias ou sonhos. Elas trazem mensagens e perguntas, e abrem portas. Convidam-nos a ir além dos limites que restringem nosso pensamento e a nos abrirmos para a beleza simples das diferentes maneiras pelas quais a vida pode encontrar harmonia e prosperar. À medida que a humanidade se expande para explorar o espaço, essas ideias sussurram uma verdade silenciosa: a vida é maravilhosamente variada e tem uma capacidade infinita de mudança. O futuro de como viveremos juntos pode ser mais brilhante e conectado do que ousamos esperar.

Capítulo 4: Sistemas Culturais e Estilos de Vida

Imagine ir além das histórias habituais que ouvimos sobre outros mundos e seus habitantes. E se esses seres, tantas vezes retratados como estranhos ou distantes, vivessem de maneiras que revelassem algo mais profundo e fundamentado? Ao ouvir as experiências daqueles que afirmam ter entrado em contato — esses visionários e viajantes entre mundos —, é possível ter um vislumbre de vidas moldadas pelo equilíbrio e pelo significado, longe da agitação das cidades mais movimentadas da Terra.

Imagine seus dias não como uma correria, mas como uma dança. Em vez de correr de um lado para o outro, muitos relatos compartilham um ritmo diferente, intimamente ligado aos fluxos naturais, ao caminho do sol, às fases da lua e à suave mudança das estações. Esses ritmos moldam tudo, do trabalho ao descanso, da preparação das refeições à forma como suas comunidades se reúnem. O comum se torna sagrado. Cozinhar se torna um momento de presença; a arte deixa de ser apenas decoração para se tornar uma linguagem de sentimentos e espírito. Até a tecnologia se funde a essa mentalidade, sendo criada como uma extensão da atenção plena, e não como um progresso irracional.

A comunidade é o coração de muitas dessas histórias. Há um forte senso de pertencimento e cuidado mútuo, a sensação de que o bem-estar de cada pessoa é muito importante. As reuniões são frequentes, seja para homenagear as estrelas, marcar uma colheita ou celebrar uma conquista coletiva. As pessoas se reúnem com música e dança não apenas para se divertir, mas também para abrir a alma e relembrar os laços que as unem. Esses eventos proporcionam reflexão e aprendizado, momentos em que a vida desacelera o suficiente para permitir uma visão mais profunda.

A arte e a música ocupam um lugar muito especial. Imagine uma arte que transcende a tela ou a escultura — uma arte que brinca com a luz, o som e até mesmo o pensamento. Às vezes, as obras criativas não são apenas vistas ou ouvidas, mas sentidas, como se a mente e o coração se aproximassem por meio dessas expressões. A música nessas sociedades pode ser complexa e, ao mesmo tempo, relaxante, carregando camadas de sentimentos e espiritualidade. A criatividade é frequentemente um processo compartilhado, uma forma de conexão, tecendo dons individuais em algo maior e vivo.

O aprendizado constrói a base do crescimento. Desde a infância, as pessoas nessas culturas são incentivadas a abrir todas as partes de si mesmas: a mente, o coração e o espírito. A educação é contínua, uma jornada ao longo da vida, não uma lista de tarefas ou uma corrida para chegar em primeiro lugar. A cada dia, há uma chance de se entender mais, não apenas sobre fatos, mas também sobre o vasto universo e o lugar de cada um nele. O conhecimento serve à comunidade e à história da própria vida, não apenas ao indivíduo.

O respeito pelo mundo sob os pés é evidente. As histórias dos contatados frequentemente descrevem seres que se movem suavemente em seus planetas e cuidam da terra, em vez de extrair dela mais do que podem oferecer. Sua agricultura se harmoniza com os ciclos naturais, produzindo alimentos que nutrem sem causar danos. A tecnologia reflete esse cuidado: é projetada para apoiar a vida, nunca para destruí-la. Há aqui um entendimento de que toda a vida cresce a partir de uma rede de relacionamentos delicados e entrelaçados.

Essas visões não apenas pintam imagens de mundos alienígenas. Elas são um espelho para nós aqui na Terra. Elas nos levam a repensar o que a cultura pode se tornar quando se desenvolve a partir da atenção plena, da conexão e do respeito pelos ritmos da vida. Ao olharmos para as estrelas e para as possibilidades, essas histórias também voltam nosso olhar para dentro, nos convidando à mudança. Se outras civilizações podem encontrar harmonia e significado em seus planetas, por que não nós?

O universo, visto por meio dessas experiências, é um lugar repleto de maneiras de viver com profundidade. Ele nos convida a lembrar que o progresso não exige destruição, que a comunidade é uma força e que toda rotina tem o potencial de ser graciosa. Ao considerarmos essas ideias, o vasto desconhecido parece um pouco mais próximo e nossa jornada em direção a uma vida equilibrada ganha uma nova esperança.

Há um poder silencioso nesses vislumbres, um incentivo gentil de que a vida pode ser mais conectada, mais ponderada, mais completa. Esses relatos falam de maneira discreta, porém impactante, e nos lembram que, além das estrelas, podem existir não apenas outros seres, mas também outras formas de ser. Formas que nos convidam a ouvir, aprender e crescer além dos limites do que acreditávamos ser possível.

Capítulo 5: Roupas e Moda

As roupas e a moda entre seres de outros mundos pintam um quadro bem diferente da nossa experiência cotidiana. Aqueles que afirmam ter contato com civilizações extraterrestres costumam compartilhar histórias que revelam que esses seres não se vestem apenas por uma questão de funcionalidade, mas também como uma expressão mais profunda de sua essência. É uma mistura animada de cultura, ambiente e espiritualidade entrelaçada no tecido de suas roupas. O que vemos como roupas simples, eles entendem como uma linguagem, um símbolo, até mesmo uma ponte para o ambiente ao seu redor. Isso nos convida a expandir nossa visão sobre o que as roupas podem realmente ser.

Uma coisa que chama a atenção imediatamente é a variedade de materiais que esses seres utilizam. Os tecidos terrestres vêm principalmente de animais, plantas e fibras artificiais. Lá fora, é diferente. Algumas peças são feitas de substâncias cristalinas que brilham como pedras preciosas. Outras brilham com fios luminosos, fluindo como energia pura e mudando de cor e forma, parecendo vivas. Elas não são apenas bonitas, mas também são projetadas para ajudar a proteger quem as usa de climas adversos, manter a temperatura ideal na superfície do corpo e até se sincronizar com os dispositivos que carregam. Os materiais se adaptam perfeitamente ao seu mundo, combinando beleza e praticidade.

O estilo dessas roupas também conta histórias. Muitas vezes, as peças podem alterar sua forma, ficando mais longas ou mais curtas, mais justas ou mais soltas, conforme a necessidade de quem as veste. Imagine uma jaqueta que se aperta para proteger contra radiação e, depois, se relaxa, transformando-se em uma túnica leve quando o perigo passa. O segredo parece ser a capacidade de se reorganizar no nível mais básico, em que átomos e moléculas se movem como dançarinos seguindo as instruções de um mestre. Dizem até que essas roupas respiram, crescem ou se consertam, quase como se fossem seres vivos que caminham ao lado de quem as veste.

As cores são exuberantes em seus guarda-roupas. Tons brilhantes e mutantes salpicam e rodopiam, às vezes refletindo o humor de quem as veste. Padrões geométricos pulsam com significado; suas formas não são aleatórias, mas representam ideias, clãs ou emoções. Imagens flutuam como hologramas pelo tecido, às vezes, contando histórias ou compartilhando sentimentos sem palavras. Usá-las é como carregar um outdoor pessoal que fala silenciosamente, mas com força, para outras pessoas da comunidade. Nessas exibições animadas, a posição social, os laços familiares e os pensamentos ocultos tornam-se visíveis.

Suas roupas têm mais do que apenas aparência e utilidade; muitas carregam um peso espiritual. Símbolos sagrados, fluxos energéticos ou até mesmo pequenas formas de vida incorporadas ao tecido trazem um propósito mais profundo ao ato de se vestir. Usar tais trajes pode ser um ritual, uma forma de entrar em contato com o cosmos ou acessar a orientação espiritual. Essas roupas não servem apenas para proteger o corpo; elas abrigam a alma, nutrem a consciência e conectam quem as veste a algo maior do que eles mesmos. Vestir-se torna-se, assim, uma prática diária de respeito e atenção plena.

Fazer essas roupas também é diferente. Em vez de uma linha de produção em massa, muitas vezes é um processo coletivo e compartilhado. Os membros da comunidade se reúnem, cada um contribuindo com suas habilidades, histórias e orações. Assim, o ato de criar se transforma em uma forma de arte e devoção. Cada ponto ou união de fibras carrega uma intenção, honrando os laços entre as formas de vida e o universo. É uma celebração da conexão e da criação de algo para vestir.

Refletir sobre essas ideias abre uma porta. Isso nos leva além da visão típica da moda como apenas tecido e design. As histórias de pessoas que caminham pelas estrelas revelam uma prática muito mais rica, na qual as roupas que vestimos podem carregar significado, poder, alma, além de beleza e praticidade. Elas nos convidam a olhar para as nossas roupas não apenas como algo que nos cobre, mas como um reflexo vivo de quem somos e de como nos relacionamos com o mundo ao nosso redor.

Como exploradores do desconhecido, cada novo detalhe sobre essas culturas distantes nos lembra quão diversa a vida pode ser. No entanto, também nos convida a algo mais próximo de casa:

um apelo para honrar a Terra, uns aos outros e o mistério que nos une. Talvez, se ouvirmos esses sussurros distantes, possamos encontrar maneiras de nos vestir com mais cuidado e de criar e usar roupas que transmitam significado, reservando espaço para o sagrado em nossa vida cotidiana. Assim, a roupa deixa de ser apenas uma camada sobre a pele e se torna um fio que tece a história contínua da existência.

O universo é vasto e rico, repleto de histórias esperando para serem descobertas. Ao abrirmos nossos olhos e corações para o que os outros vestem e o motivo, nos aproximamos um pouco mais de compreender nosso lugar na grande dança. Sob essa ótica, a moda não é apenas superficial: é uma linguagem viva, cheia de conexões, espírito e infinitas possibilidades de expressão. Nela, podemos encontrar novos caminhos a seguir, baseados no respeito, na criatividade e no pulso comum de toda a vida.

Capítulo 6: Alimentação e Nutrição

A comida além da Terra desperta uma curiosidade profunda em nós. As histórias daqueles que afirmam ter encontrado seres de outros mundos nos mostram novas formas de como os seres vivos se alimentam, se nutrem e até mesmo se conectam com a vida, de maneiras estranhas e belas. Nesses planetas distantes, comer não se resume a encher o estômago. Pode ser arte, pode ser espírito, uma parte da própria alma do mundo, moldada pelas peculiaridades do planeta e pelo coração da cultura.

Pense nisso: na Terra, nossos pratos vêm principalmente de animais e plantas, os suspeitos de sempre. Lá fora, porém, é um cenário totalmente diferente. Imagine alimentos feitos de formas cristalinas que brilham sob sóis alienígenas. Ou plantas que brilham suavemente, como pequenas estrelas, esperando para serem provadas. Mais selvagem ainda, alguns seres dependem de alimentos que são pura energia, capazes de nutrir o corpo e o espírito simultaneamente. Esses alimentos são estranhos para nós, mas carregam um equilíbrio que mantém a vida nesses mundos: uma mistura de nutrientes com algo que ainda não compreendemos totalmente.

A maneira como esses seres preparam e comem suas refeições revela muito sobre sua natureza. A comida não é algo para ser engolido com pressa. Ela é sagrada, consumida lenta e conscientemente. Pode ser uma cerimônia, uma meditação. Em algumas histórias, cozinhar é uma prática quase como uma oração, na qual cada passo é honrado e cada sabor, apreciado em silêncio ou em conversas suaves. A tecnologia faz parte desse processo, não de forma fria e mecânica, mas como uma ferramenta para revelar a vitalidade mais profunda do que eles comem. As refeições se tornam mais do que saborosas: elas curam, restauram e até elevam.

As refeições geralmente acontecem em grupo, onde compartilhar vai além de um costume. É uma forma de unir corações e mentes. Comer juntos sela a amizade, a comunidade e a confiança. Essas cenas são calorosas e vibrantes, como uma dança de vozes, cores e esperança compartilhada. A comida se transforma em uma ponte entre as almas. É uma dança em que cada mordida carrega um significado e cada prato traz um sorriso que circula pelo círculo.

Além disso, há a magia do sabor em si. Esses pratos exóticos não são apenas saborosos. Eles surpreendem e encantam de maneiras que nossas línguas nunca experimentaram. Os sabores podem ser intensos ou suaves, emocionantes ou tranquilos, como uma música que se transforma a cada nota. Algumas refeições parecem pinturas vivas, brilhando e se transformando assim que chegam aos lábios. Essa maravilha sensorial vem, em parte, de ferramentas que alteram as formas moleculares dos alimentos, estimulando todos os sentidos. Não se trata apenas de nutrição, mas de uma experiência.

A maneira como esses seres se alimentam também reflete como eles se mantêm fortes e equilibrados. Suas escolhas alimentares atendem a mais do que as necessidades do corpo; elas atendem à alma. As dietas são elaboradas cuidadosamente para considerar como cada forma de vida se move, pensa e sente. Imagine uma refeição feita sob medida para você todos os dias, que muda conforme sua energia flui e é ajustada por uma tecnologia que lê seu estado e se adapta como uma bússola gentil. É uma arte viva que nutre a saúde e o espírito juntos.

Olhando para essa imagem vívida, fica claro que a comida alienígena promete muito mais do que sabores estranhos. Ela nos convida a repensar o que significa comer na Terra. Nossa comida é remédio, ritual e alegria ao mesmo tempo, embora às vezes esteja escondida sob a pressa e o hábito. Talvez essas histórias nos peçam para desacelerar e encontrar harmonia na maneira como comemos. É uma forma de honrar o vínculo que compartilhamos com a Terra, com os outros e com a vida frágil que se entrelaça a todos os seres vivos, visíveis ou invisíveis.

Explorar as comidas de outros mundos é um lembrete de que a vida nunca se encaixa perfeitamente em nossas categorias. Ela nos oferece lições de abertura, criatividade e respeito. Quando as ouvimos, enxergamos como a comida pode ser mais do que combustível: ela pode ser um caminho para a conexão, para a cura, para a celebração. Seja quais forem essas cozinhas distantes, reais ou simbólicas, sua mensagem nos convida a considerar nossas refeições como sagradas e a viver em ritmo com o mundo.

Então, da próxima vez que você for comer, pare por um momento. Imagine a comida como uma presença viva, parte de uma grande conversa com o universo. Sinta a energia em suas mãos, a história em sua boca. A comida pode ser a menor das graças, uma pequena rebelião contra a separação. Ela nos lembra que todos nós pertencemos profundamente a esta dança da vida na Terra e além.

Capítulo 7: Religião e Práticas Espirituais

Através da extensão silenciosa das estrelas, onde os olhos terrestres mal alcançam, chegam histórias de seres que caminham entre mundos. Essas histórias carregam uma luz que nos aproxima da compreensão de como a vida — estranha e desconhecida — se manifesta na dança do espírito e do significado que transcende nosso planeta natal. Elas contam como outras pessoas tocam o sagrado em suas vidas diárias, entrelaçando-o à própria essência de quem elas são. Aqui, o espírito não se resume a um conjunto de regras ou cerimônias. É a própria vida, um pulso constante que flui por sua cultura, seus pensamentos e seu ser.

O que mais chama a atenção é como essa vida espiritual parece diferente dos caminhos estreitos que seguimos aqui. Não há um fio condutor nem uma forma fixa. Em vez disso, esses vizinhos cósmicos parecem abrir uma vasta tela em que a expressão espiritual floresce livremente. Eles nos encorajam a afrouxar nosso controle sobre o que consideramos religião e nos pedem para olharmos para o lado e imaginarmos uma espiritualidade sem amarras, viva, repleta de possibilidades e que se estende muito além do que poderíamos esperar.

Um fio condutor entre muitos é a ideia de uma consciência que não se limita a um ser, mas se expande em ondas que tocam todos os seres vivos. Não se trata de quem somos como seres separados, mas da grande teia que nos une a todos. Seres desses mundos distantes falam de uma consciência compartilhada — um conhecimento de que o próprio cosmos está vivo e respirando, e de que fazem parte desse todo vivo. Eles acessam essa sensação por meio de suas mentes, estendendo-se como fios de luz para se conectar não apenas uns com os outros, mas também com a própria mente universal.

Essa conexão não é fria ou distante, mas cheia de calor e carinho. A comunicação flui silenciosamente, mais frequentemente por telepatia do que por voz, e carrega não apenas conhecimento, mas também um amor profundo e não expresso. Imagine um mundo em que aprender sabedoria é tão natural quanto respirar, em que cada pensamento é um presente compartilhado e cada sentimento, um eco enviado pelo vasto mar cósmico.

Suas vidas espirituais também cantam com a música de seus mundos. Rituais e cerimônias emergem do solo, do vento e do ritmo das estrelas que brilham no céu. Essas práticas são tão variadas quanto os próprios planetas. Às vezes, eles se reúnem em grupos, unindo vozes, corpos e instrumentos. Criam espaços que vibram com cores, luzes e sons, onde a cura e a transformação acontecem. Padrões geométricos esculpidos no espaço se tornam santuários que ressoam com ondas harmônicas, provocando mudanças na consciência. Movimento e arte se misturam aos ensinamentos, e o sagrado flui não apenas em palavras, mas também em dança e canto.

A tecnologia também desempenha um papel muito diferente do nosso. Longe de substituir o espírito, as ferramentas avançadas servem como pontes para auxiliar em jornadas internas e expandir os campos da percepção. Cristais vibram com energia, e a luz se curva e se torce para abrir portas invisíveis aos olhos humanos. Esses instrumentos são respeitados, tocados com reverência e manuseados com cuidado. São presentes compartilhados, não para obter poder, mas para crescer, para explorar dimensões internas e externas, e para unir a comunidade em admiração e gratidão.

Guias e professores caminham entre eles, mas esses líderes não comandam nem governam. Eles caminham ao lado, oferecendo uma mão e um espelho e ajudando os outros a encontrarem seu próprio caminho dentro desse mistério amplo e em desenvolvimento. Não há um guru ou mestre único acima dos demais, mas um coletivo de buscadores que se inspiram mutuamente a seguir em frente. A educação é a própria vida: um avanço contínuo em direção à compreensão, sempre buscando uma visão mais completa da existência e do lugar do eu nela.

No centro de seu caminho, há uma insistência no amor, na compaixão e no compromisso com o serviço. Esses não são meros conceitos, mas princípios vivos que moldam cada aspecto de suas sociedades. Servir ao próximo é visto como um ato nobre que nutre tanto quem dá quanto quem recebe. Cada indivíduo é encorajado a contribuir com seus dons únicos, consciente de que ninguém prospera sozinho nesta canção cósmica. Harmonia, cooperação e bondade unem as comunidades e as impulsionam em uma jornada compartilhada.

Ao olharmos para essas histórias, enxergamos uma tapeçaria muito maior do que nossa visão habitual. Elas nos chamam a mudar nossa perspectiva e a abrir nossos corações e mentes para as possibilidades mais amplas do espírito. Mesmo que não compreendamos plenamente essas experiências, elas nos lembram da riqueza que nos espera no vasto silêncio além.

Talvez o maior presente dessas histórias seja o desafio que elas nos apresentam. Não se trata de imitar de longe, mas de aprender: voltar-se para dentro, perceber o ritmo da vida ao nosso redor e reconhecer os fios que nos conectam a todos os seres. Devemos nos perguntar como poderíamos viver com mais abertura, bondade e senso de unidade. Esses vislumbres de outras vidas nos convidam a tecer nossa própria jornada espiritual com mais cuidado. Elas nos lembram de que nossa história também faz parte de um desdobramento infinito e de que o sagrado nunca está longe, sempre nos chamando para casa.

Capítulo 8: Amor e Relacionamentos

O amor entre seres de outros mundos tem uma melodia diferente. Não se trata apenas de sentimentos ou da emoção que conhecemos aqui na Terra. É algo mais profundo. Ele está ligado ao crescimento e à maneira como esses seres se relacionam entre si, com suas comunidades e com o universo. As histórias compartilhadas por aqueles que encontraram civilizações alienígenas retratam o amor como algo vivo e vital, entrelaçado no próprio tecido da existência e moldando a dança das conexões de maneiras desconhecidas para nós.

Imagine um amor que não começa com palavras ou toques, mas com uma ressonância profunda na alma. Uma sintonia de energias, um encontro de propósitos que transcende o romance e a atração. Muitos contatados falam sobre relacionamentos em que dois seres reconhecem as frequências espirituais um do outro. É uma conexão que parece completa e plena, guiando ambos em direção ao crescimento e ao serviço. As formas físicas podem ser muito diferentes, mas o vínculo é claro e forte. Esses seres costumam compartilhar pensamentos e sentimentos diretamente por meio da telepatia, contornando distâncias e mal-entendidos. Há uma troca constante de energia, sabedoria e afeto, que flui livremente e nutre cada parceiro em níveis impossíveis de serem totalmente compreendidos pelos humanos.

Os relacionamentos em planetas distantes assumem formas diferentes das nossas. Eles não estão presos aos padrões que conhecemos. Os parceiros podem se unir em grupos ou pares, mudando naturalmente para atender às necessidades de cada um. Essas uniões são construídas com base no respeito e na cooperação, não na posse ou no controle. As responsabilidades são compartilhadas. Os recursos fluem para onde são mais necessários. Imagine comunidades em que o amor é amplamente difundido e cria redes de apoio sem ciúmes ou medo. Múltiplas conexões se entrelaçam, formando círculos de cuidado que nutrem cada pessoa. Há liberdade nessa abertura, uma liberdade que promove a confiança e fortalece os laços.

Uma das lições mais surpreendentes dessas histórias é a ausência de ciúmes. Essas garras dolorosas da possessividade são vistas como bloqueios que impedem os corações de se abrirem verdadeiramente. Em vez disso, o amor é praticado como uma arte de expansão. Cada relacionamento é um reflexo único de uma tapeçaria maior e divina. As pessoas nessas culturas são incentivadas a olhar para dentro, compreender seus padrões emocionais e liberar o que não contribui para o crescimento. Assim, amar se torna um ato sagrado, uma prática diária de cura e aprendizado. Isso faz com que os indivíduos evoluam e retribuam não apenas a um parceiro, mas a toda a comunidade e ao fluxo cósmico maior.

Essa visão cósmica do amor transcende o aspecto pessoal, abraçando toda a vida. Para muitas civilizações alienígenas, o amor é uma força poderosa que orienta a expansão da consciência e o equilíbrio da existência. Ele está presente em atos de bondade, criatividade e serviço altruísta. Cada ser contribui com suas habilidades e talentos, tecendo uma harmonia coletiva. A energia do amor flui por meio deles, alinhando-se a um propósito universal que sustenta e nutre tudo, desde a menor criatura até planetas inteiros. Ao amar, alcançamos essa dança maior, levando a vida adiante em direção à unidade e à paz.

A harmonia e o equilíbrio mantêm essas sociedades fortes. Elas valorizam o apoio mútuo acima de tudo. Os relacionamentos incentivam a cooperação, com os parceiros trabalhando lado a lado para construir vidas significativas e repletas de respeito. A tecnologia e os sistemas sociais geralmente apoiam linhas abertas de comunicação e compartilhamento, criando espaços seguros nos quais a confiança se enraíza. Nesses ambientes, o amor pode crescer livremente, alimentado pela segurança e pela compreensão.

Histórias assim nos convidam a repensar nossas crenças sobre o amor. Mostram que a conexão vai muito além da emoção ou do hábito cultural. Além das estrelas, o amor surge como uma força viva e pulsante que conecta todas as coisas, nos convidando a abrir nossas mentes e nossos corações. Essas visões nos pedem para considerarmos a vida com uma consciência mais profunda de nosso lugar no vasto tecido da existência.

Ao olharmos para o céu noturno, curiosos sobre os mistérios que existem além, esses vislumbres de afeto alienígena nos trazem não apenas admiração, mas também sabedoria. Eles nos lembram de honrar os laços que temos aqui na Terra e de buscar mais gentileza e abertura em nossos próprios relacionamentos. Convidam-nos a ver o amor como uma jornada compartilhada, tecida ao longo da vasta história de toda a vida.

Talvez estejamos apenas começando a entender o que é o amor de fato: não um único fio, mas uma teia vibrante e mutante que conecta tudo o que está vivo. É uma lição sussurrada pelo cosmos, esperando que a ouçamos, aprendamos e nos abramos para o seu abraço grandioso e infinito.

Capítulo 9: Valores Morais e Ética

Há uma força silenciosa em ouvir o que outros seres — aqueles que caminham entre estrelas muito além do nosso alcance — têm a dizer sobre como viver corretamente e manter a honra em seus corações. Aqueles que encontraram ou sentiram esses visitantes falam de ética não como um conjunto rígido de regras, mas como um fluxo vivo entrelaçado a cada respiração e a cada escolha. Imagine a moralidade não como uma lista fria de coisas que se deve ou não fazer, mas como o próprio pulso da existência: uma bússola sintonizada com a música do crescimento, do equilíbrio e da unidade. Essa visão amplia nosso pensamento habitual e nos permite enxergar que o universo é vasto não apenas em termos de espaço, mas também nas maneiras como a vida pode ser sábia e boa.

O que mais se destaca é como esses seres frequentemente abraçam princípios que transcendem a preferência pessoal ou a cultura. Eles falam de uma conexão mais profunda, uma teia que mantém toda a vida unida. Essa teia os leva a considerar como cada ação afeta não apenas a eles mesmos, mas a toda a comunidade e, ainda mais amplamente, o próprio cosmos. Viver em harmonia com esse entendimento significa assumir responsabilidades, não como um fardo, mas como parte natural de amadurecer espiritualmente e estar alinhado com a grande dança da existência. Imagine civilizações em que as escolhas certas são reflexos desse equilíbrio espiritual e em que a moralidade é um espelho vivo que mostra o lugar e o propósito de cada ser nesse grande desdobramento.

As escolhas e leis desses mundos são variadas, moldadas por seus ambientes e histórias únicos. No entanto, um traço comum permeia muitos relatos: uma ênfase em qualidades como bondade, honestidade e sabedoria — virtudes que unem os indivíduos por meio de laços de confiança e respeito. A tecnologia e os sistemas sociais muitas vezes apoiam esse modo de vida, não para controlar, mas para ajudar os seres a sentirem e compreenderem melhor o que é certo. Algumas sociedades avançadas utilizam o que poderíamos chamar de diálogo mente a mente e percepção de energia para enxergar o impacto de suas ações antes de dar um passo adiante. Em vez de simplesmente reagir aos problemas ou seguir ordens, elas param para refletir sobre como cada ação afeta o equilíbrio de seus lares e da comunidade.

O que chama a atenção é a maneira gentil com que lidam com os erros. Raramente a punição é a primeira resposta nessas histórias. Em vez disso, o crescimento e o aprendizado assumem a liderança. As pessoas são incentivadas a enxergar os fracassos como oportunidades, portas para um conhecimento mais profundo e para a cura. Assim, a comunidade se torna um espaço onde o perdão e o apoio ajudam a restaurar o equilíbrio após um passo em falso. Nessa ótica, a verdadeira justiça flui da compreensão e da compaixão, um processo em que a harmonia é restaurada não pela força, mas pelo cuidado e pelo respeito. Quando alguém faz as pazes, esse ato é tratado como sagrado, uma chance de consertar o próprio espírito e contribuir novamente para o todo.

Os guias e professores nesses lugares não se colocam em pedestais. A sabedoria é vista como uma jornada compartilhada, um caminho que cada pessoa é convidada a trilhar com cuidado. Os indivíduos cultivam seu próprio senso de certo e errado, buscando sempre diferentes professores e experiências para aprofundar seu conhecimento. Os líderes, quando presentes, não existem para comandar, mas para ajudar os outros a encontrarem sua luz interior e a navegarem pelas complexidades de uma vida boa. A educação é um fio condutor muito valorizado aqui, sempre se estendendo e revelando uma compreensão mais profunda da vida e de si mesmo.

O amor e a compaixão muitas vezes iluminam o caminho, constituindo o cerne de sua ética. Servir aos outros não é visto como um sacrifício, mas como uma alegre vocação. Cada pessoa é valorizada por seus dons únicos, que ela manifesta de maneiras que elevam o todo.

Atos de bondade se espalham, tecendo uma teia de conexões que mantêm a comunidade e o cosmos em um abraço gentil. Esse serviço é mais do que um dever: é um papel sagrado que nutre tanto quem dá quanto quem recebe, apoiando o crescimento da vida e o fluxo da sabedoria em todos. Ao olharmos além do nosso mundo e considerarmos essas histórias, encontramos um convite: a chance de repensar como vemos o certo e o errado. O universo parece oferecer infinitas maneiras de vivermos vidas conectadas, éticas e ricas em amor, crescimento e harmonia. Ao voltarmos nossos olhos para cima e para fora, esses vislumbres nos encorajam a questionar e refletir sobre os nossos próprios caminhos morais. Eles nos lembram de honrar a interligação de toda a vida e de enxergar a justiça não apenas como regras, mas como uma dança de restauração e cuidado. Que essas ideias nos inspirem a uma nova maneira de ser, abraçando a plenitude de nossa jornada cósmica compartilhada, de coração e olhos abertos.

Nessa ampla e bela dança, a ética se torna tão natural quanto respirar, fluindo através de nós e ao nosso redor e nos chamando a crescer além do que pensamos saber. Cada passo à frente é uma oportunidade de encontrar equilíbrio e tecer amor e sabedoria no tecido mutável da vida. Como seria se levássemos essas lições a sério? E se abandonássemos os velhos limites e nos abríssemos para uma harmonia mais ampla, em que cada escolha brota de um lugar de conexão e cuidado? As possibilidades são tão vastas quanto as próprias estrelas, esperando silenciosamente que nos levantemos e respondamos.

Capítulo 10: Esportes e Atividades Recreativas

Na vastidão do espaço, outras civilizações se movem de maneiras estranhas e familiares. Quando visionários e aqueles que tocaram as estrelas compartilham suas histórias, revelam mundos em que esportes e brincadeiras estão profundamente entrelaçados no tecido da vida. Não se trata de meros passatempos ou distrações simples. Eles pulsam com significado, moldando a forma como os seres crescem, se conectam e encontram alegria. O que chamamos de lazer é apenas uma sombra do que outras civilizações entendem como brincadeira: uma força vital que combina corpo, mente e espírito.

A partir das histórias coletadas, fica claro que, em outros planetas, os esportes muitas vezes transcendem a habilidade física. São atos de equilíbrio e de unidade consigo mesmo e com os outros. Imagine mover o corpo não apenas para vencer, mas para se sintonizar com os ritmos da natureza, os padrões das estrelas e o zumbido do próprio universo. Em alguns lugares, os jogadores manipulam campos de energia por meio de danças geométricas que exigem foco intenso e paz profunda. Em outros, os jogadores se movem em sincronia com sons e vibrações, criando harmonias que flutuam entre os membros do grupo e os aproximam sem uma palavra. É uma dança da vida que abraça não apenas os músculos, mas também a consciência.

Os jogos e passatempos desses mundos refletem suas culturas e o planeta de onde surgiram. Refletem valores de criação, compartilhamento e elevação mútua, não de destruição. Em vez de lutar para derrotar, eles criam juntos. A tecnologia não separa, mas convida para novas maneiras de moldar a luz, a cor e o som em experiências lúdicas. Imagine um playground em que as cores mudam de acordo com seu humor ou uma paisagem sonora que o convida a explorar sonhos e maravilhas. Esses ambientes cativam e inspiram, estimulando a imaginação a viver uma experiência vibrante.

O que realmente se destaca, porém, é a maneira como a competição some de vista. Ganhar e perder ficam em segundo plano em relação à alegria e à conexão. O esporte se torna um ato sagrado no qual aparecer e se mover juntos oferecem recompensas profundas. O verdadeiro prêmio está no momento: a habilidade aprimorada, os laços formados e o crescimento sutil sentido por dentro. Essa presença transforma a brincadeira em uma cerimônia, um ato de honrar a si mesmo, à comunidade e ao cosmos. Não há troféus que importem, apenas tesouros invisíveis conquistados por meio do riso, do esforço e da respiração compartilhada.

Nesses mundos, os esportes e as brincadeiras vão ainda mais longe. Eles servem como pontes, atraindo os indivíduos para um pulso compartilhado com a vida ao redor. As comunidades se reúnem em celebração e criação, construindo espaços nos quais todos podem participar. Ferramentas avançadas e projetos sociais ajudam a compartilhar o necessário e abrem espaço para todas as vozes e habilidades. Brincar juntos se torna uma expressão de unidade, um alinhamento fluido com as correntes mais profundas que movem todos os seres vivos. É uma forma de abrir caminhos por onde a energia pode circular livremente, nutrindo um crescimento que não afeta apenas o indivíduo, mas toda a teia da existência.

Juntamente com a ênfase na harmonia e no cuidado, esses seres valorizam a criatividade, a descoberta e novas formas de enxergar o mundo. Seus jogos despertam mentes e corações, transformando a brincadeira em exploração. Eles incentivam os participantes a ultrapassar limites, inventar e tecer novas ideias. Por meio do uso sofisticado de materiais e tecnologia, surgem experiências que parecem novas e vivas, capazes de mudar a forma como entendemos o universo e nosso lugar nele. Aqui, a brincadeira é uma professora, uma guia que oferece insights que se espalham pela consciência e pela cultura.

Quando recuamos para olhar o quadro geral, esses relatos oferecem uma visão ampliada. Desafiam nossas categorias organizadas e ideias limitadas sobre diversão e esporte. Convidam-nos a uma visão mais ampla, que honra as muitas maneiras pelas quais a vida se expressa por meio do movimento, da conexão e do espírito. À medida que nos aprofundamos no cosmos e em nós mesmos, esses vislumbres nos lembram de repensar nossos próprios jogos e alegrias. Incentivam-nos a buscar caminhos em que a brincadeira é completa — uma ponte que conecta corpo, mente e alma, entrelaçada com a dança da vida.

Isso vai além da curiosidade sobre outros lugares. É um chamado para despertar aqui e agora. É deixar que nossos passatempos criem raízes tão profundas quanto nossas intenções. Para encontrarmos prazer não na conquista, mas na descoberta e na comunhão. Há sacralidade em cada respiração durante um jogo, em cada sorriso compartilhado em uma disputa alegre e em cada momento em que nos movemos como um só. As estrelas acima nos lembram que brincar é uma palavra muito mais rica do que imaginamos. É um convite para uma jornada interior e exterior em direção ao batimento cardíaco em evolução da própria existência.

Capítulo 11: Música e Formas de Arte

Imagine, por um momento, a música e a arte de seres de mundos distantes. Elas não são apenas sons ou imagens destinadas a passar o tempo. Elas carregam o pulso da própria existência. Elas falam de emoções, ensinamentos e conexões que vão muito além do que nossos olhos veem ou nossos ouvidos ouvem. Ao ouvirmos histórias compartilhadas por aqueles que encontraram tais culturas, somos convidados a explorar a criação de uma forma que desperta algo profundo dentro de nós: uma nova consciência do que pode ser a criatividade.

Veja a música, por exemplo. Ela transcende o ritmo e a melodia. Tornando-se um fio vivo que liga o indivíduo a uma vasta dança cósmica. Muitos contos descrevem esses sons como tecidos com equilíbrio universal, bem diferente de tudo a que estamos acostumados. É como se a própria música se sintonizasse com a estrutura do universo, extraindo uma harmonia que ecoa pelo corpo, pela mente e pelo espírito. Imagine instrumentos feitos de estruturas de cristal pulsando com campos de energia ou sons criados por meio de ondas telepáticas. Não se trata de meras ferramentas, mas de pontes. Pontes que transportam vibrações curativas, abrem portas para a transformação e despertam uma verdade espiritual mais profunda. Cada nota é cuidadosamente colocada, considerando as frequências multidimensionais, as cores do som que se propagam pelo espaço e pelo tempo.

As artes nesses mundos não são menos surpreendentes. As formas visuais estão vivas, mudando e respondendo àqueles que as observam e ao que sentem. Imagine uma imagem que muda de forma ou tonalidade de acordo com seu humor ou pensamentos, atraindo você para um espaço que vai além do simples ato de olhar. O uso da luz, da geometria e de cores fluindo em padrões fractais traz uma sensação de admiração, talvez até de sacralidade. Algumas criações mesclam até a própria vida orgânica: seres vivos entrelaçados perfeitamente com a arte, confundindo as linhas entre o real e o imaginário. Essas obras de arte superam as expectativas, convidando o espectador a embarcar em jornadas em que a percepção, a emoção e o espírito se sobrepõem.

O que aquece ainda mais o coração é o fato de que a arte e a música raramente são experiências solitárias nessas culturas. Elas florescem por meio da colaboração. As pessoas se reúnem, cada uma oferecendo seus talentos, não para receber elogios pessoais, mas como uma expressão compartilhada. Trata-se de cocriar algo que se torna maior do que qualquer voz ou visão individual. A tecnologia e a harmonia social fornecem as ferramentas e a estrutura para que as ideias fluam livremente e diversas perspectivas se entrelaçem em uma obra-prima coletiva. Ao se unirem para criar, os indivíduos encontram uma prática sagrada que nutre o crescimento, o aprendizado e a conexão. O ato em si se torna uma celebração da comunidade, um caminho para contribuir com algo maior, tanto para a sociedade quanto para o todo cósmico.

Nessas civilizações, a música e a arte pulsam com um significado mais profundo, que vai além da expressão pessoal ou comunitária. Elas incorporam a conexão com toda a vida. Muitos descrevem como a música e a arte servem como veículos para comunicar os mistérios invisíveis, honrando a existência e ampliando o entendimento compartilhado. A sabedoria espiritual flui junto com a tecnologia avançada, permitindo que essas expressões se tornem portas de entrada para energia e insights. Quando as pessoas cantam ou pintam em uníssono, não estão apenas produzindo sons ou imagens: estão se alinhando a um fluxo universal, a uma corrente divina que sustenta o crescimento, o equilíbrio e a unidade em todo o cosmos.

A inovação também desempenha um papel importante. Ao invés de se fixarem em estilos ou temas rígidos, a arte e a música permanecem fluidas, sempre em evolução. Os criadores exploram novas ideias, ultrapassando os limites atuais e buscando novas percepções sobre a vida e sobre si mesmos. Essa busca constante é apoiada por materiais e ferramentas em constante evolução. Por meio de seu trabalho, os artistas provocam mudanças na consciência, desafiam velhas formas de pensar e oferecem novos caminhos a serem seguidos. A criatividade, portanto, torna-se uma jornada, não um destino, e nos convida à sobrevivência e à transformação, sempre abrindo novas portas e revelando novos horizontes.

Quando olhamos para essas histórias como um todo, elas nos convidam à reflexão. Incentivam-nos a ampliar os limites de nossa própria imaginação e a pensar além dos padrões familiares da Terra. Essa perspectiva honra a diversidade viva que se estende por todo o universo. Ela nos encoraja a encontrar em nossa música e arte uma integração mais profunda entre coração, mente e alma, uma expressão conectada com a própria vida e o vasto fluxo cósmico. Nessa visão, a criatividade não é apenas um dom humano. É um pulso universal, um ritual sagrado entrelaçado a todos os seres e mundos.

Portanto, permita que essas ideias aqueçam seu espírito e despertem sua curiosidade. Permita que elas o lembrem de que, na história infinita da existência, a música e a arte não são meras distrações ou passatempos. São fios de união e despertar que nos chamam a ouvir com mais atenção e a criar com mais abertura. Convidam-nos a caminhar com graça por um caminho que honra nossos laços uns com os outros e com o cosmos além. Em seu rastro, encontramos mais do que beleza ou maravilha: encontramos a possibilidade de harmonia, conexão e um significado mais profundo, esperando para se revelar.

Capítulo 12: Desenvolvimento Tecnológico

Ao olhar para o céu noturno e se perguntar quem mais poderia estar lá fora, sua mente naturalmente vagueia para imaginar como seriam suas vidas e que tipo de ferramentas eles usariam. As histórias de pessoas que afirmam ter encontrado seres de outros mundos oferecem uma visão bastante inesperada. Os dispositivos e as tecnologias são muito mais do que simples máquinas. Eles ocupam um lugar profundo no coração, na mente e na alma desses seres, moldando sua cultura, seu espírito e sua jornada pela vastidão do universo.

O que se destaca é a forma como essas tecnologias atuam em parceria com o mundo natural. Elas não são apenas aparelhos para obter recursos ou controlar um ambiente. Elas crescem da própria terra e participam de seu equilíbrio. Imagine ferramentas feitas de elementos que se misturam à terra e energia extraída de forças inesgotáveis e inofensivas. Essas civilizações exploram fontes de energia que mal conseguimos vislumbrar: cristais brilhantes, campos de energia vibrante e até mesmo criaturas vivas que se tornam parte das ferramentas. A tecnologia parece viva, movendo-se em sintonia com o universo. Imagine motores que transformam tempestades solares e raios cósmicos em uma energia inesgotável e sem efeitos colaterais. Essa é a tecnologia em harmonia com a natureza, não em batalha contra ela.

Para esses seres, a ciência é um tipo diferente de história. Ela não se limita a gráficos frios ou provas concretas. Trata-se de encontrar harmonia e equilíbrio para o bem-estar do indivíduo e de todos aqueles que compartilham o mesmo espaço. Eles usam o conhecimento para elevar a consciência e curar não apenas o corpo, mas também a mente e o espírito. A cura vem por meio da luz, do som e de padrões que vibram em sintonia com a própria vida. É uma abordagem holística da saúde que nos vê não como seres quebrados ou sozinhos, mas como fios tecidos no grande fluxo do ser. Cada ferramenta, cada prática, move-se para apoiar esse equilíbrio, desde a saúde até a forma como falam e mudam, tudo tecido por meio da tecnologia que nutre a vida.

A maneira como criam novas ideias é impressionante. Não se trata de um laboratório secreto nem de um gênio solitário escondido. Em vez disso, é uma dança compartilhada. As habilidades são transmitidas livremente. As ideias saltam de um para o outro como um rio vivo. As ferramentas surgem desse pulso coletivo e são feitas para que todos possam usá-las e crescer com elas. O ato de criar tem um ritmo sagrado, quase um ritual que celebra os laços entre as pessoas. A tecnologia se torna mais do que um objeto: ela se torna um espaço no qual conexões são formadas e mentes se encontram e se elevam mutuamente. Suas sociedades promovem esse fluxo aberto, permitindo que muitas vozes e sonhos se misturem, remodelando as possibilidades. Parece ciência com coração, impulsionada por algo maior do que apenas resolver problemas ou fazer as coisas funcionarem.

Esse senso de conexão é ainda mais profundo. A tecnologia não é algo separado da vida; ela é a própria vida. Suas histórias mostram a invenção ligada à celebração e ao espírito. As ferramentas e o conhecimento se tornam uma forma de explorar o vasto mistério da existência e compartilhar essa alegria com os outros. Recursos, sabedoria e experiência circulam livremente, como presentes em uma rede construída com base no respeito e na generosidade. Inventar é entrar em uma dança com algo maior: um movimento no qual a energia permanece em equilíbrio com a batida cósmica mais ampla.

Explorar não é apenas um objetivo, mas um modo de vida para esses seres. Eles seguem em frente com curiosidade, sempre buscando e testando, nunca se contentando. Suas tecnologias estão vivas e mudam junto com eles. Esse processo exige um novo olhar sobre o mundo, para que as ideias sejam levadas além do que se pensava ser possível. É um convite para se abrir mais e expandir não apenas as máquinas, mas também o próprio senso de realidade.

A tecnologia flui, muda e cresce, assim como a vida: nunca está parada. Essas histórias nos oferecem uma nova visão sobre o que a tecnologia pode ser de fato. Elas nos pedem para imaginarmos algo gentil, algo que prospere no trabalho conjunto, algo bonito — não apenas uma corrida ou um jogo de poder e controle. Incentivam uma visão de futuro em que nossas criações alimentam a alma, a comunidade e a Terra, não apenas satisfazem necessidades imediatas. Ao olharmos para as estrelas, essas visões nos perguntam suavemente: que tipo de ferramentas desejamos? Que tipo de mundo podemos construir se o respeito e o equilíbrio guiarem nossas mãos?

A vastidão acima se estende, repleta de segredos e promessas infinitas. As histórias contadas nos limites da nossa própria experiência são mais do que fantasia. Elas trazem sussurros e lições gentis sobre outra maneira de viver, aqui e agora. Convidam-nos a sintonizar-nos com um ritmo maior, a preencher o espaço entre a ciência, o espírito e o mundo vivo ao nosso redor. Ao absorver essas histórias, não encontramos respostas claras. Em vez disso, encontramos novas perguntas — perguntas que iluminam o caminho a seguir. Um caminho que honra a teia viva que compartilhamos, no qual a tecnologia nos eleva rumo a um destino maior entre as estrelas.

Capítulo 13: Inovação e Conquistas Científicas

Nos confins do espaço, além da cor azul familiar do nosso planeta, existem histórias — contos profundos e vívidos — narrados por aqueles que afirmam ter tido contato com seres de outros planetas. Essas narrativas falam de civilizações cujas descobertas e tecnologias são diferentes de tudo o que vemos aqui. No entanto, o que mais chama a atenção não são os aparelhos ou invenções em si, mas a maneira como esse progresso parece fluir de um senso de propósito vivo que une cultura, espírito e o próprio desenrolar da existência.

Imagine tecnologias que não nascem de um impulso frio e mecânico de conquistar a natureza, mas de um desejo profundo de se mover em harmonia com as energias e regras que pulsam pelo universo. Essas conquistas extraterrestres muitas vezes refletem um tipo de ciência que flui com correntes invisíveis: energias da consciência, física além do que nossos livros didáticos ensinam e dimensões sobrepostas às três dimensões que conhecemos. Elas parecem brincar com forças que combinam cura e conhecimento de maneiras que se espalham por comunidades inteiras, talvez até mesmo por sistemas estelares. Há rumores de naves que navegam pelos fluxos cósmicos, transportadas por campos de energia inalcançáveis por qualquer combustível de foguete, movendo-se sem esforço por grandes extensões onde a própria luz se curva e se entrelaça.

A diversidade desses caminhos científicos é impressionante. Cada cultura cria a sua própria abordagem, de acordo com o planeta que chama de lar e os valores pelos quais vive. No entanto, um tema recorrente em muitas dessas histórias é o compromisso com o equilíbrio, a conexão e o crescimento, tanto do indivíduo quanto do coletivo. A ciência aqui não se separa da vida; ela respira com ela. Algumas civilizações utilizam feixes de luz, sons e vibrações sutis como ferramentas de cura. Elas não se destinam apenas ao corpo, mas também à alma e à mente, restaurando o ritmo e a harmonia ao sintonizar-se com o pulso universal que conecta todos os seres.

O que mais chama minha atenção é o espírito de união presente nessas histórias. A ciência não é uma busca silenciosa, realizada em laboratórios ou por gênios solitários. Ela se desenrola como uma jornada compartilhada, na qual cada pessoa contribui com sua parte de insights e habilidades únicas, tecendo-as em compreensões maiores. As tecnologias e os sistemas sociais parecem projetados para promover o compartilhamento aberto, fundir perspectivas e despertar a criatividade que eleva a todos. A inovação é um ato sagrado, uma dança de aprendizado e doação, uma profunda oferta à própria vida. A busca pelo conhecimento é um trabalho comunitário, um trabalho cósmico unificado a serviço do crescimento e da cura.

Além disso, o papel do progresso científico vai além da descoberta. Ele atua como uma ponte entre os seres, uma forma de honrar e celebrar os mistérios espalhados pelas estrelas. Práticas espirituais e estruturas comunitárias apoiam esse fluxo, ajudando a compartilhar sabedoria e recursos livremente. Descobrir novas verdades é como caminhar ao lado do grande fluxo da existência. Cada avanço se torna um gesto de alinhamento, não apenas com leis abstratas, mas também com o pulso divino que conduz todos os seres vivos.

Essas visões também retratam a ciência como um fluxo vivo e em movimento, jamais estático ou fechado. Exploradores de mundos distantes continuam expandindo os limites não apenas para saber mais, mas também para aprofundar a conexão com tudo o que existe. Embora seus métodos possam empregar materiais e ideias distantes do nosso alcance, a intenção por trás deles é clara: despertar, abrir novas portas na consciência e ser pioneiros em novas formas de ser que refletem a vastidão do próprio universo.

Portanto, ao pensarmos em como a inovação e a descoberta podem ir além da Terra, essas histórias nos convidam a repensar. Elas nos pedem para enxergar a ciência não como uma escalada solitária em busca de poder ou controle, mas como uma dança coletiva que respeita os laços que nos unem uns aos outros e à criação como um todo. Elas nos lembram que existem inúmeras maneiras pelas quais o conhecimento pode crescer e se transformar, nutrindo a vida em todas as suas maravilhosas formas.

À medida que olhamos para fora e nos aprofundamos nos mistérios cósmicos, essas percepções nos servem de farol. Elas nos desafiam a encarar nossas próprias buscas por compreensão com abertura, humildade e um maior senso de unidade. Talvez, por meio dessa mudança, nossas invenções e ideias se tornem caminhos para a harmonia, honrando a jornada sagrada que compartilhamos ao longo do tempo e do espaço.

Nessa perspectiva, o universo deixa de ser um vazio infinito de incógnitas e se torna uma rede viva de potencial — uma vizinhança cósmica em que cada descoberta nos aproxima do todo e cada inovação é um fio que se entrelaça à vasta história em desenvolvimento. Essa é uma visão da ciência que canta com vida, espírito e o poder silencioso de corações unidos pela curiosidade e pelo amor. Essa é uma história que vale a pena ouvir, onde quer que estejamos na grande dança da existência.

Capítulo 14: Interações Ambientais e Habitabilidade

Ao ouvirmos as histórias daqueles que encontraram seres de além do nosso mundo, uma nova visão toma forma: uma visão que parece viva e próxima, não distante ou estranha. Esses relatos revelam formas de vida que fluem com a natureza, não contra ela. Em alguns planetas distantes, cuidar da terra, da água e do céu não é apenas uma tarefa a ser cumprida, mas uma poderosa forma de ser. Esse cuidado se espalha por meio de crenças, hábitos diários e laços com o vasto universo ao redor.

Muitos viajantes que compartilham essas experiências falam sobre o equilíbrio como base dessas sociedades. Os seres encontrados por eles sabem viver em harmonia com seu mundo, usando ferramentas projetadas para retribuir, não apenas tirar. Seus materiais muitas vezes curam e se regeneram por conta própria. A energia vem de fontes infinitas e suas casas estão vivas em forma e espírito, mudando e respirando como plantas ou recifes de coral.

Imagine edifícios que parecem vivos, não formas rígidas feitas de aço e pedra, mas espaços que crescem, mudam e se sintonizam com a terra sob eles. Nesses lugares, pedra, madeira e espaço vital se fundem como um só, cada elemento sustentando os outros.

A vida nesses lugares não se resume a sobreviver a tempestades violentas ou a céus estranhos. Trata-se de tecer a alma e o artesanato no ambiente, de modo que ele acolha e abrigue todos os seres. O calor que queima onde vivemos é acolhido em outros lugares; a gravidade que puxa de forma estranha é encontrada em algo fluido e completo. Esses mundos são tão diferentes entre si quanto uma montanha é do oceano. Quando surgem dificuldades, eles recorrem à arte, à ciência e a um conhecimento ancestral dos fluxos da natureza. A agricultura deles não se parece em nada com as nossas fileiras retas nos campos. Em vez disso, eles nutrem o crescimento por meio da luz, da energia e de padrões cristalinos, que fortalecem a vida sem destruir o solo. São parceiros da terra, leais aos ciclos e ritmos que podem parecer estranhos para nós, mas que são tão constantes para eles quanto respirar.

O que mais brilha em suas histórias é como o cuidado com o meio ambiente é uma responsabilidade de toda a comunidade. Nunca é deixado para poucos. Todos se unem para proteger a terra, as águas e as criaturas ao seu redor. O conhecimento circula livremente. As ideias surgem e se espalham como o vento. A cooperação aqui vai além do trabalho em conjunto: ela carrega um peso sagrado. Cuidar da terra é cuidar do coração do seu povo e, por meio disso, do pulso de todas as coisas. O que uma pessoa faz afeta inúmeras outras, visíveis ou invisíveis. É uma rede de respeito e responsabilidade, uma dança de cuidado em que cada passo importa.

Essas histórias nos lembram que o meio ambiente não é um mero cenário. Ele está vivo e presente no centro da cultura e da conexão. Canções, danças e descobertas emergem desse vínculo. Sabedoria profunda e ideias novas se unem em cerimônias que tecem laços de energia e espírito entre todos os seres e seu entorno. Para esses seres, cuidar da Terra desperta a mente e abre o coração. A natureza canta suas antigas canções e aqueles que as ouvem se movem com a música, trazendo novos insights e vida a cada momento. Aqui, o espírito e a ecologia se elevam como um só, brilhantes e ininterruptos.

Junto a essa harmonia, há uma abertura inquieta à mudança. As tradições não se petrificam, mas se expandem e se transformam à medida que novas verdades cósmicas se revelam. A curiosidade flui através do cuidado que têm com o planeta como um rio. Eles questionam histórias antigas, cruzam fronteiras e criam formas de vida que honram tanto seu mundo quanto seu conhecimento interior. Suas ferramentas e métodos às vezes parecem mágicos, outras vezes, tão antigos quanto a pedra e o céu. Cada ato de cuidar do planeta os convida a enxergar mais profundamente, a pensar com clareza e a viver plenamente.

Juntas, essas visões de vida além da Terra nos oferecem mais do que novos conhecimentos: elas contêm uma lição gentil. Mostram uma maneira alegre e compartilhada de cuidar do mundo, nascida do respeito e do pertencimento, não da luta ou do uso. Essas histórias nos convidam a imaginar lugares onde a Terra e a vida crescem em sintonia e em que cuidar da natureza abre as portas para a compreensão do coração do universo. Ao olharmos para as estrelas, somos convidados a ouvir com atenção, honrar todas as conexões e construir lares que mantenham o ritmo do planeta e além. Que possamos, assim, encontrar um caminho para caminhar suavemente, viver bem e nos juntar à dança infinita da vida que permeia todos os mundos.

Capítulo 15: Habitabilidade e Condições de Vida

Ao ouvir aqueles que falam sobre a vida além do nosso mundo, encontramos histórias que pintam um quadro muito diferente sobre o que significa viver em algum lugar. Não se trata apenas de ter um teto sobre a cabeça. Em muitos planetas distantes, a ideia de lar está profundamente ligada à forma como a vida flui, como o espírito dança e como os mundos cantam suas canções únicas de equilíbrio e pertencimento. Essas histórias nos convidam a sair de nossa maneira habitual de pensar sobre espaço e estrutura e a imaginar as infinitas formas que a vida poderia tomar na grande expansão.

Um tema que surge constantemente é a ideia de se misturar com o próprio mundo. Imagine casas que crescem da terra como plantas, moldadas não por martelo e prego, mas por seres vivos e cristais que se esticam e mudam com o tempo. Esses lugares não são construções frias; respiram e se ajustam, feitos de materiais vivos em certo sentido. A energia se move através deles, sustentando aqueles que estão dentro de uma forma natural, não forçada. Há uma sensação de parceria: a construção e o planeta cooperam para criar algo duradouro e próspero.

As condições às quais a vida se adapta podem ser muito diferentes. Alguns planetas são escaldantes, enquanto outros tremem com um frio que nenhum ser humano poderia suportar. Alguns têm um ar denso e pesado, enquanto outros são rarefeitos e estranhos. A gravidade pode puxar suavemente ou pressionar como o peso de uma grande história sobre o peito. A radiação pode dançar como a luz do sol ou morder como uma tempestade. Apesar disso, esses seres conseguem construir lares que os protegem. Eles usam ferramentas e práticas inteligentes, às vezes espirituais, que vão além do físico, para moldar espaços onde a saúde e a felicidade estão em primeiro plano. Campos de energia, invisíveis aos nossos olhos, podem manter a temperatura estável ou afastar o mal, criando conforto em mundos que à primeira vista parecem hostis.

O que se destaca não são apenas os edifícios em si, mas como essas comunidades se unem para criar e manter seus lares. Há um espírito de compartilhamento entrelaçado nessas histórias, em que conhecimento, recursos e habilidades fluem livremente entre vizinhos e amigos. Os espaços de convivência são mais do que refúgios privados: são frutos do cuidado e da atenção coletivos. As pessoas reúnem seus talentos para construir não apenas para si mesmas, mas para o todo. A arquitetura se torna uma forma de aprender uns sobre os outros e de moldar os laços que unem as pessoas. E o ato de criar um lar nunca é banal — é uma dança sagrada, uma oportunidade de acessar a sabedoria maior que pulsa pela vida.

Nessas sociedades, os edifícios representam mais do que um abrigo. Eles expressam conexão, uma teia que inclui tudo e todos, desde a menor forma de vida até a estrela mais distante. Criar um espaço de vida é uma forma de honrar essa vasta unidade. Os lares são símbolos não apenas de segurança pessoal, mas também de uma jornada e celebração compartilhadas. Visões e práticas avançadas apoiam essa visão por meio de ferramentas e rituais que ajudam as pessoas a compartilhar o que têm, a crescer em sabedoria e a projetar lugares que as elevam e inspiram. Construir é comunhão: é manter o coração e a mente abertos ao fluxo da energia universal que guia e sustenta todos os seres vivos.

Outro traço que brilha nessas histórias é a sede de explorar. Os lares não são fixos ou definitivos. Eles mudam, crescem e evoluem junto com aqueles que vivem neles. O ato de criar não é estático, mas um alcance contínuo para fora. Novos materiais, novas energias e novas ideias são trazidos para o grupo. As arquiteturas desses mundos refletem uma compreensão cada vez mais ampla da existência, despertando novas maneiras de ver e ser. Construir é mais do que moldar o espaço: é expandir a mente e o espírito para além das fronteiras conhecidas, abrindo-se para novas percepções e possibilidades.

Ao observarmos tudo isso, somos convidados a repensar o que significa viver bem, não apenas em lugares distantes, mas também aqui na Terra. Essas histórias nos lembram que nossas próprias casas e cidades poderiam carregar mais dessa riqueza e cuidado. Elas nos pedem para enxergar os edifícios e as comunidades não apenas como objetos ou recipientes, mas como partes vivas e pulsantes de uma história muito maior. Se as ouvirmos, poderemos encontrar maneiras de trazer harmonia, beleza e um respeito mais profundo pela vida aos espaços que chamamos de lar. Elas nos lembram que tudo está conectado: terra, céu, água e espírito.

Assim, ao olharmos para cima e refletirmos sobre como seria a vida além, também estamos olhando para dentro. As lições sussurradas por outros mundos nos incentivam a ter um toque mais gentil e a dançar de maneira mais fluida com as energias ao nosso redor. Elas falam baixinho, mas com firmeza, sobre a possibilidade de lares que nutrem todos os seres vivos e que crescem conosco à medida que aprendemos a tecer os muitos fios da existência. Nisso reside um convite: honrar o sagrado em cada pedra e estrela, e criar, em nosso próprio planeta, lugares que reflitam o vasto milagre da vida.

Capítulo 16: Consciência e Crenças Espirituais

Há uma história fascinante se desenrolando além das estrelas, sussurrada por aqueles que afirmam ter entrado em contato com seres de outros mundos. Essas histórias apresentam uma visão da consciência e da vida espiritual muito diferente da que normalmente imaginamos. Elas falam de mentes e corações conectados de maneira diferente, mundos em que a vida interior não é apenas pessoal, mas o fio que permeia o tecido da cultura, do crescimento e da própria maneira de ser. Não se trata de alienígenas recitando textos antigos ou seguindo regras rígidas. Trata-se de uma consciência viva que se espalha, conecta e molda tudo ao seu redor.

O que mais se destaca é como esses seres parecem viver em um estado de profunda conexão. Eles não se veem como pontos isolados, separados uns dos outros e do mundo. Ao contrário, sentem-se parte de um todo vasto e vivo. Sua consciência se estende além do eu individual, alcançando a vida que flui através das estrelas e dos espaços entre elas. Essa não é apenas uma ideia, mas uma experiência sentida: a certeza de que todos estamos ligados e somos parte de uma grande história em desenvolvimento. Esse sentimento orienta suas crenças e ações, levando-os à harmonia com o universo e com os outros.

Imagine civilizações que não se comunicam apenas com palavras, mas por meio de ondas de pensamentos e sentimentos. A telepatia não é um truque raro, mas uma forma de compartilhar mentes e corações. As conversas atravessam vastas distâncias cósmicas sem barreiras. Eles acessam uma mente universal, uma fonte mais ampla que transporta sabedoria e bondade por entre as galáxias. Esse compartilhamento constante cria comunidades não por meio de leis ou fronteiras, mas de compreensão e amor. O que é compartilhado se torna mais forte, não mais fraco — é como se a própria força vital deles fluísse por meio dessa troca, alimentando a criatividade e a compaixão.

Seus caminhos espirituais florescem de acordo com as condições especiais de seus mundos. Cada sociedade reflete seu lar nos valores que preza. Algumas giram em torno do equilíbrio e do respeito; outras, da verdade e da bondade. Eles desenvolvem maneiras de ir além do físico, explorando dimensões que se espalham ao lado da nossa própria realidade. Por meio de uma prática focada, aprendem a moldar energias — luz, som, vibração — para curar, despertar e abrir portas para uma nova consciência. Esses métodos não são segredos místicos guardados a sete chaves. São ferramentas à disposição de qualquer pessoa que queira se conectar mais profundamente e tocar os fios sagrados que unem toda a vida.

Em muitos relatos, a espiritualidade não é uma jornada solitária. É algo que as pessoas fazem juntas. Elas contribuem com suas forças e insights, tecendo diversas experiências em uma jornada compartilhada. Essa jornada coletiva aprofunda o crescimento e amplia a conexão. Trata-se de uma dança de mentes e espíritos, elevada por estruturas sociais e tecnologias que incentivam o compartilhamento e o aprendizado em conjunto. A prática espiritual se torna um espaço em que as diferenças são celebradas, em que as ideias geram novos insights e em que a transformação acontece na companhia de outras pessoas. Esse trabalho em equipe reflete a compreensão de que ninguém cresce sozinho: nossa alegria e nossas lutas se espalham e moldam a comunidade, da mesma forma que ela nos molda.

A vida nesses mundos pulsa com uma visão mais ampla. A consciência e a crença não se limitam ao eu. Elas se espalham por bairros, cidades e sociedades, colorindo cada reunião e festa, cada conversa sob céus desconhecidos. Conexão e celebração andam de mãos dadas. A vida espiritual constrói pontes, abrindo corações e mentes para o desconhecido com confiança e reverência. Essas tradições fomentam a generosidade e a sabedoria, cultivando a paz e a unidade. O engajamento se torna um ritmo sagrado, alinhando a comunidade a uma harmonia maior que flui por todas as coisas.

Além da conexão, há um abraço ansioso pela descoberta. A espiritualidade aqui não é fixa, mas fluida, sempre crescendo e se transformando. A jornada em si é mais importante do que os pontos de descanso ou as respostas gravadas em pedra. Os indivíduos ampliam constantemente seus horizontes internos, buscando novas maneiras de conhecer o universo e seu lugar nele. Eles aplicam técnicas avançadas, combinando insights antigos com métodos emergentes, criando assim novos convites para o crescimento e a mudança. Essas experiências ultrapassam limites, mudando crenças, expandindo mentes e inspirando novas formas de ser.

Esse caminho em constante evolução não está separado da vida cotidiana, mas entrelaçado ao pulso da civilização. Questionar, buscar e se abrir são os pilares dessa abordagem, que impulsiona os seres em sua busca por significado e plenitude. A exploração espiritual se torna uma forma de desafiar velhos padrões, acender novas chamas e convidar o inesperado para a dança da transformação.

Então, o que esses vislumbres nos dizem? Eles nos convidam a fazer uma pausa e a respirar com admiração. Eles nos lembram que nossas definições familiares de espírito e consciência podem ser pequenas janelas para uma visão muito maior. Além da Terra, a vida é rica em possibilidades: diferentes expressões de conexão, propósito e crescimento se misturam sob o vasto céu.

Capítulo 17: Propósito Existencial

As histórias extraterrestres nos pedem para ampliarmos nossa visão e honrarmos a diversidade de formas como a vida pode despertar e encontrar significado. Elas nos conduzem a uma espiritualidade baseada na união, na abertura e no respeito às inúmeras formas como a consciência se manifesta no cosmos. Incentivam-nos a refletir sobre nossos próprios caminhos, a viver com o coração e a buscar a harmonia não apenas entre nós, mas também com as muitas camadas da existência que nos envolvem. Por meio dessa visão mais ampla, a sacralidade da vida se torna mais clara, e a jornada em si brilha como um presente compartilhado por todos que ousam buscar além das estrelas.

Compreender como seres de outros mundos enxergam o significado de suas existências nos convida a uma jornada fascinante. Isso mostra que o significado não é apenas um tema para reflexão ou debate, mas algo vivo no coração de suas culturas, espíritos e no próprio desdobramento de suas galáxias. Essas histórias e mensagens compartilhadas por aqueles que afirmam ter contato com seres de outros mundos refletem um mundo cheio de possibilidades sobre como o propósito pode ser vivido e conhecido.

Uma das ideias mais marcantes é a ênfase que essas civilizações dão a uma profunda harmonia com o próprio universo. Elas falam sobre a sensação de fazer parte de um plano maior. Não se trata apenas do que alguém deseja aqui ou ali, mas de estar conectado a toda a vida e caminhar em direção ao bem-estar de muitos. Esse tipo de significado vem de um sentimento interior que guia as ações em apoio à comunidade, à evolução e ao equilíbrio. É como se suas almas soubessem que são fios de um vasto todo vivo. A partir desses relatos, os seres que cresceram em sabedoria espiritual carregam uma responsabilidade não apenas por si mesmos, mas por toda a vida. O propósito de suas vidas reflete seu estado interior, um sinal de quão longe chegaram na compreensão de seu lugar nesse desdobramento cósmico.

É bonito também ver como esses propósitos podem ser variados. Cada mundo, moldado por seus próprios céus, paisagens e lições, traz suas próprias ideias sobre o que é mais importante. Em muitas histórias, valores como bondade, honestidade e conhecimento mais profundo não são apenas ideais morais, mas práticas diárias. As pessoas são encorajadas a viver com essas características como pilares de sua jornada. Às vezes, esse trabalho significa explorar dimensões além do físico, brincar com a energia ou aprender a curar e transformar. Por meio desses atos, elas se tornam não apenas viajantes, mas também criadoras de espaços sagrados e de crescimento, conduzindo suas almas e sociedades a novos patamares de consciência e compreensão.

Outro aspecto que se destaca é a maneira como o propósito é frequentemente compartilhado. A vida lá parece menos uma escalada individual e mais uma jornada compartilhada. Parece que seus mundos encontraram maneiras de tecer paixões e talentos individuais em um coro significativo, fortalecendo-se mutuamente à medida que avançam. Esse tipo de busca, quase um ritual sagrado, abre caminhos para aprender e evoluir juntos. Ao trilharem esse caminho como comunidade, elas alimentam não apenas sua própria luz, mas a luz de toda a vida ao seu redor. Estruturas sociais e ferramentas avançadas apoiam esse compartilhamento, criando um ambiente propício para que as ideias fluam e se desenvolvam de maneiras inimagináveis.

Além da realização pessoal, esses ensinamentos mostram que o propósito está na conexão. Ele se manifesta no ritmo das comunidades, onde a jornada de cada indivíduo contribui para a harmonia coletiva. Essa jornada compartilhada funciona como uma ponte que conecta o crescimento individual à grande dança da existência. Também está claro que tais sociedades cultivam esse vínculo por meio de práticas espirituais e sociais sofisticadas, que incentivam a generosidade, a sabedoria e a transformação. Embarcar nesse caminho é entendido como um alinhamento sagrado com algo maior: uma força que move a energia, a percepção e a vida em ondas de equilíbrio e alegria.

A exploração e o crescimento constituem outro fio condutor. Nessas visões, o propósito nunca é fixo ou estático. Ele flui e se transforma, convidando os seres a continuarem buscando, aprendendo e expandindo o que sabem sobre si mesmos e sobre o universo ao seu redor. As tecnologias e práticas por eles desenvolvidas ajudam a criar momentos que mudam perspectivas e abrem novas portas na mente e no coração. Eles veem o propósito da vida como uma jornada da consciência, que desafia velhos limites e desperta novas maneiras de ver e ser. Essa busca contínua os mantém vibrantes e despertos, como uma dança de curiosidade e admiração que honra o sagrado trabalho da descoberta.

Essas histórias oferecem mais do que apenas ideias sobre vidas distantes. Elas nos convidam a abrir nossas mentes e corações para o que pode estar além de nossas zonas de conforto. Ao compartilharem diferentes maneiras de entender o significado e o propósito, elas nos pedem para repensar nossos próprios caminhos. Elas nos lembram que a vida pode ser muito mais rica e conectada do que percebemos. Isso desperta em nós um desejo por uma harmonia mais profunda, uma integração entre nós mesmos e os outros e um respeito sagrado por todos os fios que tecem a trama da vida.

Capítulo 18: Papéis e Relações Interplanetárias

As realidades de outros mundos nos incentivam a refletir sobre o nosso próprio lugar neste vasto mosaico. O universo, com todas as suas maravilhas, sugere histórias infinitas à espera de serem contadas e vividas. Essas histórias podem nos ajudar a nos entender um pouco melhor e a compreender a jornada que se desenrola e inclui todos nós. A busca por um propósito entre outros seres nos lembra que compartilhamos o mesmo batimento cardíaco com o cosmos. Ela ilumina um caminho para uma vida mais aberta, conectada e significativa, não apenas para nós, mas para todas as formas de vida, cada centelha de consciência que alcança a luz. Essa busca exige coragem, abertura e humildade para aprender com os outros, próximos e distantes. Ela nos pede para enxergar além de nós mesmos e honrar a dança sagrada de toda a vida, que se move em conjunto pelo tempo, pelo espaço e pelo mistério que tudo envolve.

Ao olharmos para além do nosso mundo, as histórias contadas por visionários e por aqueles que tocaram as fronteiras do espaço nos fazem pensar de forma diferente. As civilizações extraterrestres, conforme descritas por essas vozes, não se limitam a negociar ou conversar como diplomatas. Elas tecem relações que se enraízam profundamente em sua cultura, em seu espírito e em uma jornada coletiva de crescimento que se estende pelas estrelas. Isso desafia a forma como vemos as relações entre as nações na Terra e nos convida a imaginar um cosmos cheio de potencial para a união, o compartilhamento e o crescimento conjunto.

Um dos padrões mais marcantes nesses relatos é a ideia de união. Em todos os planetas, os seres se unem não como peças separadas, mas como parte de um todo, compartilhando conhecimento e se elevando mutuamente. Esse senso de conexão não é uma nota de rodapé: ele molda seu modo de vida. Trata-se de uma questão de responsabilidade: cuidar do crescimento e do equilíbrio de todos os seres vivos. Seus papéis neste palco cósmico refletem uma maturidade e um profundo alinhamento com as forças que unem o universo e a alma.

Cada civilização contribui com algo único para essa dança. Imagine mundos moldados por suas paisagens, histórias e invenções. Suas relações refletem essas diferenças e são baseadas no respeito mútuo e no desejo de avançar como um só. Elas não competem pelo poder, mas contribuem com o que têm de melhor — tecnologia, sabedoria e insights espirituais — para ajudar o coletivo a avançar em direção a uma existência mais rica. Às vezes, eles se reúnem em grupos, como conselhos ou alianças, para enfrentar desafios comuns, explorar vastos mistérios e nutrir a vida em todas as suas formas.

A colaboração pulsa no coração de suas interações. Não se trata de um simples aperto de mão, mas do compartilhamento da riqueza da vida em todas as suas formas. Do conhecimento aos recursos, os seres se unem em busca de sonhos que transcendem suas próprias necessidades. Essa cooperação é apoiada por sistemas sociais e métodos de comunicação que conectam mundos e ideias, facilitando a harmonia entre vozes diversas. Essa forma de trabalhar juntos é sagrada: uma prática em que o crescimento e a cura fluem em ambas as direções, se misturando para restaurar o equilíbrio cósmico.

No entanto, há algo ainda mais profundo. Nessas histórias, a conexão interplanetária transcende a cooperação. É uma celebração, uma forma de comunicação de alma para alma e de desvendamento do desconhecido. Essas conexões abraçam a sabedoria e proporcionam experiências que inspiram mudanças e admiração. Ao participarem dessas relações, as civilizações se alinham a uma vontade maior, sintonizando-se com o fluxo de energia vital que sustenta todos os seres. É uma dança que une o cosmos vivo e revela novos capítulos na história da existência.

O impulso de explorar e descobrir é outro tema recorrente. As conexões interplanetárias nunca são estáticas. Elas mudam, crescem e evoluem à medida que os seres ultrapassam limites em busca de um entendimento maior sobre o universo e seu próprio lugar nele. Ferramentas e práticas avançadas lhes permitem abrir novos caminhos e entrar em reinos de experiência que despertam a transformação. Nesse contexto, a cooperação entre mundos funciona como uma porta de entrada para a expansão da consciência, desafiando crenças antigas e inspirando novas formas de viver e pensar.

Ao reunirmos esses fios, uma imagem vívida surge. Além da Terra, há um vasto e rico espectro de vida, um contraponto poderoso às visões estreitas focadas apenas na competição ou na sobrevivência. Essas histórias nos lembram da imensa variedade possível quando os seres escolhem trabalhar juntos. Elas nos incentivam a enxergar nossos papéis sob uma perspectiva mais ampla, instigando-nos a promover uma cooperação cósmica baseada no respeito e na compreensão. Dessa maneira, honramos as conexões profundas que mantêm a vida em equilíbrio e reconhecemos a natureza sagrada dessa jornada universal.

À medida que continuamos a olhar para fora e a explorar horizontes desconhecidos, essas percepções servem como faróis. Mostram que o futuro pode trazer uma unidade mais profunda e um propósito comum entre as estrelas, inspirando-nos a traçar um caminho que valorize todas as vozes, todas as culturas e todas as centelhas de vida. Isso não é um sonho de mundos distantes, mas um chamado para refletirmos sobre o nosso próprio lugar em um universo que nos convida a nos conectarmos, crescermos e vivermos em harmonia.

Capítulo 19: Desafios e Conflitos

Quando olhamos além do nosso mundo e observamos outras civilizações espalhadas pelas estrelas, uma verdade surpreendente emerge. Os problemas e as lutas enfrentadas por elas não são meros contratempos ou brigas. Eles se tornam oportunidades de crescimento e aprendizado que vão além da mente, tocando o espírito. As histórias de visionários e daqueles que entraram em contato com esses seres nos convidam a repensar o significado dos desafios. Em inúmeros mundos, as dificuldades podem parecer ameaçar a existência, mas fazem parte de um processo maior: uma chance de evoluir juntos, de crescer e se transformar.

Imagine um lugar onde o ambiente muda repentinamente ou os recursos se tornam escassos. Em vez de pânico ou desespero, eles enfrentam essas mudanças com calma e determinação. Reúnem-se em comunidades, unindo forças e apoiando-se mutuamente. Não se trata apenas de sobrevivência. Trata-se de fazer parte de uma história maior, na qual cada desafio molda sua alma coletiva. Eles têm recursos — tanto espirituais quanto tecnológicos — que os ajudam a se adaptar, às vezes de maneiras que mal conseguimos compreender. O notável é sua disposição de enxergar os problemas não como punições ou maldições, mas como convites. Convites que abrem novas portas para a compreensão da natureza, de si mesmos e dos laços que os unem.

Conflitos surgem. Afinal, a vida está repleta de diferenças, desde ideias até necessidades, passando por emoções. No entanto, a maneira como esses seres lidam com as divergências também é esclarecedora. Não se trata de simples discussões ou lutas pelo poder. Eles mergulham no diálogo, em conversas reais conduzidas com abertura e empatia. São tecnologias que levam os pensamentos diretamente às mentes, energias que acalmam e esclarecem, ferramentas que transformam o atrito em harmonia. É uma dança de respeito e conexão, um esforço consciente para curar divisões e construir laços mais fortes. O conflito se torna um trampolim, levando-os a uma compreensão mais clara e a uma compaixão mais profunda. Imagine lutar menos para vencer e mais para crescer juntos.

É impossível não notar a ênfase dada ao trabalho em equipe. Essas histórias falam de sociedades em que os problemas não são carregados sozinhos, mas compartilhados. Os desafios se tornam pontos de encontro, uma chance para as pessoas oferecerem o que têm — ideias, ajuda, insights — e costurarem um quadro maior. A resolução conjunta de problemas se torna quase sagrada. Esses momentos forjam laços e lembram a todos que o bem-estar do indivíduo está inseparavelmente ligado ao bem-estar da comunidade e, mais ainda, ao do próprio cosmos. Nessas culturas, ninguém trilha esse caminho sozinho. Cada mão estendida, cada voz levantada eleva todo o grupo. Enfrentar as dificuldades juntos alimenta a evolução, despertando um crescimento tanto pessoal quanto coletivo.

No entanto, esses desafios transcendem a mera sobrevivência da comunidade ou as preocupações locais. Para algumas dessas civilizações, superá-las as liga a algo vasto e significativo. Elas enxergam a adversidade como um fio que une toda a vida. Ao enfrentarem dificuldades, também celebram a resiliência, compartilhando suas histórias e transmitindo sabedoria como um fogo vivo. Esse processo se torna uma forma de conexão profunda, não apenas entre si, mas também com os mistérios do universo. Práticas espirituais e padrões sociais apoiam essa conexão, criando espaços ricos em que lições e recursos fluem livremente. Enfrentar conflitos não significa apenas lidar com um problema, mas sim alinhar-se à dança cósmica maior, permitindo que a energia e a sabedoria fluam de maneiras que nutrem o crescimento e o equilíbrio.

A exploração e a descoberta também alimentam sua resposta aos desafios. Essas civilizações muitas vezes não veem os obstáculos como becos sem saída, mas como quebra-cabeças em constante mudança a serem desvendados. Cada dificuldade traz uma nova chance de enxergar novas verdades, de redefinir o que é possível. Tecnologias e ferramentas espirituais se misturam em harmonia, possibilitando a criação de soluções surpreendentes e elevadas. Envolver-se com problemas torna-se, assim, um ato de expansão da consciência, que rompe com visões antigas e abre mentes para novas perspectivas. Essa busca interminável os ensina a pensar de maneira diferente e a estar atentos a novas formas de existir.

Tantas histórias de mundos além do nosso nos chamam a repensar as adversidades aqui na Terra. Elas nos lembram que os problemas não são apenas fardos a serem carregados, mas momentos que moldam quem somos, tanto individualmente quanto em comunidade. Esses vislumbres nos encorajam a avançar em direção a um modo de vida mais conectado, tanto com as outras pessoas quanto com toda a vida. As lutas que enfrentamos podem se tornar um caminho para a unidade e uma compreensão mais profunda se as abraçarmos como parte de algo muito maior.

À medida que continuamos olhando para fora e alcançando as estrelas, essas histórias nos falam de forma clara e simples. Elas revelam que a vida, em todas as suas formas, contém lições infinitas nos desafios que apresenta. Por meio dessas lições, podemos vislumbrar um futuro em que a harmonia não é um sonho, mas uma prática: uma vida compartilhada plenamente com os outros e com o vasto cosmos ao qual pertencemos.

Capítulo 20: O Futuro da Vida Interplanetária

Imagine um futuro em que a vida se estende muito além dos limites da Terra, alcançando outros planetas, estrelas e até dimensões que mal compreendemos hoje. Não se trata apenas de viajar pelo espaço, embora isso faça parte. Trata-se de uma profunda mudança na forma como os seres se compreendem a si mesmos e aos outros. Não se trata apenas de máquinas e tecnologia avançando, mas da própria consciência crescendo e tecendo novas formas de vida, de existência e de relacionamento em escala cósmica. Pense nisso como um grande desdobramento, não um resultado fixo moldado pelos padrões que conhecemos, mas uma história viva e pulsante em que cada nova página traz surpresas e muda toda a narrativa.

Muitos que alcançaram experiências além do comum — esses visionários e contatados — pintam um universo vibrante de conexões. Eles descrevem um futuro em que seres nascidos de diferentes estrelas e até mesmo de reinos não materiais se unem não como colonizadores ou invasores, mas como membros de uma comunidade construída com base no respeito mútuo, no amor e em um propósito comum. É menos sobre fronteiras e mais sobre pontes. A comunicação telepática é frequentemente mencionada, não apenas entre indivíduos, mas também como uma forma de alcançar uma mente ou um coração coletivo que pulsa com sabedoria cósmica. As conversas acontecem além das palavras, fluindo como ondas pelo vasto mar da consciência compartilhada. Essa harmonia cria espaços em que o conhecimento, a energia e a bondade fluem sem esforço, fomentando um crescimento muito além do que já presenciamos.

A tecnologia também se torna muito mais do que ferramentas ou máquinas. Ela evolui para trabalhar em conjunto com o ambiente de cada planeta, integrando-se naturalmente à vida local, em vez de dominá-la. Essas invenções se baseiam em energias sustentáveis e, muitas vezes, acessam camadas da realidade que vão além do físico. Imagine naves espaciais não impulsionadas por combustível, mas pelos campos de energia tecidos pelo próprio espaço, que permitem viagens rápidas e suaves por distâncias imensas. Tecnologias de cura ajudam os seres a restaurar o equilíbrio e a vitalidade, e dispositivos abrem janelas para outras dimensões ou realidades. Cada ferramenta reflete os valores da civilização que a criou.

O que se destaca em muitas dessas histórias é o espírito de colaboração, não de competição. Mundos diferentes, espécies diversas e múltiplas dimensões compartilham o que sabem e unem seus recursos para alcançar objetivos comuns. Há uma qualidade sagrada nessa cooperação, um entendimento de que cada participante oferece talentos únicos que enriquecem o todo. Quando os seres trabalham juntos, não se trata apenas de praticidade, mas de uma forma de comunhão. Os sistemas sociais e as redes de comunicação facilitam a integração dessas perspectivas variadas e a descoberta de novas soluções que beneficiam a todos, não apenas alguns. Essa atitude muda a forma como vemos o progresso. Em vez de uma cultura impor sua vontade, todas as vozes são ouvidas, e todas as contribuições são importantes.

Além disso, a ideia de unidade se estende ainda mais. A vida interplanetária não é vista como interações isoladas ou algo a ser conquistado. Ela floresce em uma dança cósmica de relacionamentos, uma celebração da própria existência. As práticas espirituais apoiam essa visão, guiando as comunidades a compartilhar não apenas bens e conhecimento, mas também experiências transformadoras e elevadoras. No centro dessas tradições, está a consciência de que a cooperação conecta os seres ao fluxo divino maior — a força vital que permeia todo o universo. Esse fluxo proporciona energia, insights e oportunidades de crescimento, elevando toda a vida em direção ao equilíbrio e à harmonia.

A exploração continua viva e bem. Não se trata apenas de mapear terrenos ou visitar novos lugares, mas de uma jornada interior e exterior. Cada contato oferece a chance de expandir a mente e o coração, de olhar para si mesmo com novos olhos e descobrir novas formas de ser. Com práticas e tecnologias avançadas apoiando essas buscas, cada passo adiante abre portas para novas perspectivas. A curiosidade se torna um pulso cósmico, levando as civilizações não apenas a sobreviver, mas a evoluir continuamente por meio de suas relações interestelares.

Ao considerarmos essas possibilidades futuras, fica evidente que o universo é muito maior do que podemos imaginar. Isso nos lembra que o crescimento acontece em muitas dimensões: do pensamento, do espírito e da comunidade. Talvez o mais importante seja que essas visões nos lembram de nosso próprio papel na história maior. Esse convite nos leva a pensar no futuro não como um destino distante, mas como um caminho que moldamos juntos. Um caminho no qual o respeito, a conexão e o amor nos guiam tanto quanto a invenção e a descoberta.

O futuro da vida além da Terra parece depender tanto de abrir o coração e a mente quanto de cruzar distâncias. Ele nos convida a nos tornarmos seres capazes de lembrar da unidade, mesmo quando espalhados pelas estrelas. Ele nos convida a honrar a sacralidade presente em todas as formas de vida e na própria dança da mudança cósmica. No fim das contas, essas visões não apenas nos oferecem esperança, mas também nos fazem um chamado para co-criar um futuro tecido a partir da luz e da sabedoria compartilhadas, e para celebrar o mistério que se desenrola ao nosso redor.

Glossário

Adaptação: processo pelo qual os organismos se ajustam ao seu ambiente, frequentemente envolvendo evolução biológica, cultural e tecnológica para sobreviver em condições diversas e desafiadoras.

Arte e música: expressões criativas que transcendem as formas tradicionais e, muitas vezes, incorporam comunicação telepática, campos de energia e experiências multidimensionais, visando promover conexão e crescimento espiritual.

Campos de energia: forças ou vibrações invisíveis que permeiam o universo e são aproveitadas para cura, comunicação e avanço tecnológico.

Civilizações alienígenas: sociedades originárias de outros planetas que não a Terra, caracterizadas por suas adaptações biológicas, sociais e espirituais únicas aos seus ambientes.

Comunidade: grupo de seres que vivem cooperativamente, caracterizado por recursos compartilhados, apoio mútuo e profundo senso de conexão e propósito.

Consciência coletiva: uma consciência compartilhada ou conexão mental entre seres que permite a comunicação telepática e promove um senso de unidade e interconexão.

Consciência: estado de consciência e crescimento espiritual frequentemente explorado por meio da meditação, telepatia e outras práticas avançadas para alcançar um nível mais elevado de compreensão e unidade.

Cooperação: prática de trabalhar em conjunto de maneira harmoniosa, enfatizando apoio mútuo, objetivos comuns e o bem-estar coletivo em detrimento do ganho individual.

Cura: processo de restabelecimento do equilíbrio e do bem-estar, que muitas vezes envolve tecnologias avançadas, práticas espirituais e apoio comunitário.

Dança cósmica: expressão metafórica que representa o movimento interligado e harmônico da vida e da energia em todo o universo.

Diversidade biológica: variedade de formas de vida e adaptações biológicas encontradas em diferentes planetas, frequentemente moldadas por condições ambientais singulares e trajetórias evolutivas distintas.

Equilíbrio: estado de harmonia e equilíbrio interno, social e ambiental, muitas vezes buscado por meio de práticas espirituais, tecnologia e vida comunitária.

Exploração: ato de buscar novos conhecimentos, experiências e conexões dentro do universo físico e dos reinos internos da consciência.

Harmonia: estado de existência equilibrado e pacífico, muitas vezes alcançado por meio de práticas espirituais, vida comunitária e respeito por todas as formas de vida.

Inovação: desenvolvimento de novas ideias, tecnologias e práticas que melhoram a vida, a consciência e o progresso social.

Interações ambientais: a relação entre os seres e seu ambiente natural, enfatizando a sustentabilidade, o respeito e a harmonia com os ecossistemas do planeta.

Interconectividade: é o estado de estar profundamente conectado, muitas vezes por meio da telepatia, de campos de energia compartilhados e de um senso de unidade com toda a vida.

Práticas espirituais: Atividades e rituais destinados a promover crescimento espiritual, conexão e harmonia, frequentemente envolvendo meditação, telepatia e trabalho energético.

Propósito: um sentido de significado e direção na vida, frequentemente associado ao crescimento espiritual, ao bem-estar comunitário e à busca de harmonia e equilíbrio.

Realidades multidimensionais: a existência de múltiplas camadas ou dimensões da realidade, frequentemente exploradas por meio de práticas espirituais e tecnologias avançadas.

Relações interplanetárias: conexões e interações entre diferentes civilizações planetárias, caracterizadas pela cooperação, pelo compartilhamento de conhecimento e pelo respeito mútuo.

Sistemas culturais: são as diversas formas de vida, tradições e práticas que definem as sociedades em diferentes planetas e que, muitas vezes, refletem seus ambientes únicos e crenças espirituais.

Sustentabilidade: prática de viver em harmonia com o meio ambiente, garantindo o uso responsável dos recursos e a preservação dos ecossistemas do planeta.

Tecnologias avançadas: ferramentas e sistemas inovadores que se integram aos ambientes naturais, frequentemente incorporando fontes de energia sustentáveis e realidades multidimensionais para apoiar a vida e a consciência.

Telepatia: é a capacidade de se comunicar com outras mentes, transmitindo pensamentos, sentimentos e ideias diretamente, e é frequentemente usada para facilitar conexões profundas e o entendimento mútuo.

Unidade: é um estado de interconexão que enfatiza o bem-estar coletivo e a harmonia de todas as formas de vida.

Valores morais: princípios e ética que orientam o comportamento e as normas sociais, enfatizando bondade, honestidade e bem-estar da comunidade.

Vida extraterrestre: vida originária de outros planetas além da Terra, abrangendo uma ampla gama de formas biológicas, sociedades e práticas espirituais adaptadas a seus ambientes únicos.

Solicitação de resenha de livro

Caro leitor,

Obrigado por adquirir este livro! Gostaria muito de saber sua opinião. Escrever uma resenha de livro ajuda a entender os leitores e também afeta as decisões de compra de outros leitores. Sua opinião é importante. Por favor, escreva uma resenha sobre o livro! Sua gentileza é muito apreciada!

Também escrito pelo autor

1. Alien Worlds: Biology, Society, and Spirituality Beyond Earth
2. Awakening the Inner Master: Rosicrucian Secrets to Wisdom and Inner Alchemy
3. Beyond the Surface: Finding Meaning in a Complex World
4. Broken to Blessed: Timeless Biblical Stories of Redemption and Hope
5. Children of the Stars: Humanity's Next Chapter
6. Decoding the Matrix: Finding Freedom in a Fabricated Reality
7. Embrace the Sting: Transforming Envy into Empowerment

8. Golden Dawn: The Alchemist's Guide to Inner Wisdom and Ritual Magic
9. Hidden Hooks: How Stories Snare Our Minds and Move Our World
10. Is Reality Real? Exploring the Mysteries of Physics and Philosophy
11. Masonic Keys: Unlocking Life's Design
12. Mind Unlocked: The CIA's Secret Guide to Shaping Reality
13. Scientology: Core Beliefs, Controversies, and the Quest for Clarity
14. Starborn Legacy: Humanity's Ancient Connection to Interstellar Life
15. Starfed: Alien Wisdom for Vibrant Living
16. Starlit Paths: Lessons from Beyond for Humanity's Rise
17. The Aligned Self: Integrating Ancient Chakra Wisdom into Modern Life
18. The Exorcist's Secret: How to Find Peace in a World of Unseen Conflict
19. The Hidden Kingdom: Jesus' Wisdom for a Transformed Life

20. The New Human: Evolving with Alien Wisdom
21. The Serpent's Gift: How Forbidden Knowledge Shaped Our Destiny
22. The Starseed Path: Embracing Your Cosmic Identity
23. The Viking Spirit: Embracing Life with Courage and Resilience
24. Who Am I, Truly?: Answering the Soul's Deepest Question on the Sufi Path

Sobre a editora

Esse livro foi publicado pela 22 Lions Publishing.

www.22Lions.com

www.ingramcontent.com/pod-product-compliance
Lightning Source LLC
LaVergne TN
LVHW051122051026
849532LV00004BB/1646
* 9 7 9 8 3 3 0 3 1 2 2 2 1 *